LES PARFUMS

DE LA TOILETTE

PARIS. — IMP. SIMON RAÇON ET COMP., RUE D'ERFURTH, 1.

NOUVEAU
MANUEL DU PARFUMEUR-CHIMISTE

LES PARFUMS

DE LA TOILETTE

ET LES

COSMÉTIQUES LES PLUS FAVORABLES A LA BEAUTÉ

SANS NUIRE A LA SANTÉ

SUIVIS

**D'un grand nombre de Produits hygiéniques nouveaux
complètement ignorés de la Parfumerie**

PAR A. DEBAY

PARIS

E. DENTU, LIBRAIRE-ÉDITEUR

PALAIS-ROYAL, 13, GALERIE VITRÉE.

1856

ÉTAT ACTUEL DE LA PARFUMERIE

Un livre manquait à la bibliothèque des gens du monde et particulièrement à ceux qui aiment à consacrer leurs loisirs à des études utiles. Les dames surtout nous sauront gré de cette publication, qui traite des parfums et des fleurs comme auxiliaires de la beauté.

La chimie des temps modernes a imprimé d'immenses progrès à diverses branches de l'art ; pourquoi la parfumerie serait-elle restée en arrière de ces sœurs en industrie ? Hélas ! il faut le dire, c'est que le plus grand nombre des chefs de laboratoire se traînent dans l'ornière de leurs devanciers ; c'est que les parfumeurs intelligents qui ont innové font un secret de leurs formules ; c'est, enfin, parce que la plupart des ouvrages écrits sur cette matière ne sont que la copie de livres surannés, gonflés d'indigestes recettes, dont les ingrédients se combattent et se neutralisent. Il suffit d'analyser les recettes qu'ils donnent pour être convaincu de leur complète nullité. Il existe cependant quelques ouvrages pratiques sur la parfumerie, où l'on trouve d'excellentes recettes et de bons renseignements sur l'art de fabriquer les extraits et quelques parfums composés ; mais ces livres, excellents pour leur époque, ont vieilli aujourd'hui et sont devenus tout à fait insuffisants.

Les progrès de la chimie ont ouvert un immense domaine à la parfumerie, qui peut y faire d'abondantes récoltes. Il serait vivement à désirer que nos savants chimistes s'occupassent de la question des parfums, car il y a tout un art à créer et une branche d'industrie fort lucrative à exploiter. En attendant, nous exposerons rapidement les principales découvertes chimiques relatives aux odeurs et dont la parfumerie pourra faire son profit.

Notre ouvrage formera deux parties : la **première**

traitera des parfums naturels et artificiels; des substances qui les fournissent et de leurs diverses préparations ; des meilleurs modes de distillation et d'extraction des huiles essentielles ; de la composition des
éthers qui peuvent servir à la parfumerie, à la confiserie, à la liquoristerie, etc. — Nous donnerons aussi
une série de formules toutes éprouvées, composant un
petit manuel pratique d'odeurs et de parfums destinés à la toilette et à l'hygiène du corps. Nous traite-
rons successivement de toutes les préparations les plus
usitées en parfumerie, et nous terminerons par un
choix de formules raisonnées et de produits nouveaux
les plus favorables à la conservation des organes, les
plus sûrs pour protéger la beauté contre les terribles
atteintes du temps, ce grand destructeur, qui, chaque
jour, en emporte un lambeau.

Dans la seconde partie de cet ouvrage, beaucoup plus
attrayante que la première, nous décrirons les immenses richesses du règne végétal ; nous initierons le
lecteur aux amours des fleurs et aux curieux phéno-
mènes de leur reproduction ; nous parlerons de la végétation antédiluvienne ou gigantesque, dont les pro-
fondeurs du sol ont conservé les débris, et de la
végétation microscopique, si intéressante à connaître.
Nous passerons successivement en revue les arbres,
les arbustes et les fleurs les plus rares ; nous trai-

terons de leurs propriétés, de leurs vertus, de leur
usage comme emblème et de leur emploi dans la toilette, chez les anciens et les modernes. Enfin, nous dé-
roulerons aux yeux étonnés du lecteur les mystères de
la vie végétale et les éblouissantes merveilles qui se
renouvellent incessamment dans le vaste empire de
Flore.

LES PARFUMS

PREMIÈRE PARTIE

CHAPITRE PREMIER

SECTION I

ODEURS ET PARFUMS

L'odeur, en général, est une émanation invisible, impondérable, des corps odoriférants. Les odeurs ne se propagent point comme le calorique ou la lumière ; leurs mouvements ne sont point soumis aux lois de réflexion et de réfraction ; elles se répandent incessamment dans l'air qui est leur véhicule et suivent les ondulations du fluide atmosphérique.

Les travaux de plusieurs chimistes et physiciens distingués tendent à prouver que l'odeur est produite par les molécules infiniment ténues qui se dégagent des corps odorifères; ces molécules voltigent dans l'atmosphère et, s'accrochant aux diverses surfaces qu'elles rencontrent, leur communiquent leurs propriétés. Lorsque les molécules odorantes se trouvent en contact avec la membrane olfactive, le sens de l'odorat est mis en action et le cerveau perçoit l'odeur. L'appareil olfactif est donc tout à fait indispensable à l'impression des odeurs. Pour les êtres privés naturellement ou accidentellement du sens de l'odorat, il n'existe point d'odeurs; de même qu'il n'existe pas de sons pour les êtres privés de l'ouïe.

Les molécules ou particules odorantes sont d'une ténuité si infinitésimale, que le corps qui les dégage sans cesse semble ne rien perdre de son poids, ou du moins ne faire que des pertes insensibles. Et cependant ces particules sont si nombreuses, qu'il a été démontré, par un calcul exact, qu'un grain de musc avait, dans un rayon de trente mètres, dégagé en un jour 57,839,616 particules, sans que son poids accusât la plus minime différence. Ce même grain de musc, abandonné pendant six mois dans un vaste grenier, communiqua son odeur à tous les ustensiles qui s'y trouvaient, et la balance de précision, où il fut pesé, ne put constater la moindre perte.

Une rose peut, dans l'espace de quelques heures, embaumer dix mille pieds cubes d'air sans rien perdre de son poids.

Un morceau de sucre sur lequel on a versé une goutte d'huile essentielle de thym, étant broyé avec un peu d'alcool, communique l'odeur de thym à cent litres d'eau.

— Haller a conservé pendant quarante ans des papiers qu'un seul grain d'ambre avait parfumés; après ce laps de temps, l'odeur n'avait rien perdu de sa force. — Bordenave a évalué une molécule de camphre sensible à l'odorat à 2,263,584,000ᵉˢ de grain. — Boyle a observé qu'un gros *d'assa fœtida* exposé à l'air libre avait perdu en six jours la huitième partie d'un grain, d'où le physicien Keill conclut qu'en une minute il a perdu $\frac{1}{69,120}$ de grain, et, par un autre calcul, il fait voir que chaque particule est $\frac{2}{1,000,000,000,000,000}$ de pouce cube. Dans ce calcul, il suppose les particules également distantes dans toute la sphère de cinq pieds de rayon; mais, comme elles doivent être plus serrées vers le centre, Keill recommence son calcul et trouve qu'en ce cas il faut multiplier par 21 le nombre des particules 57,839,616, ci-dessus donné, ce qui produit 1,214,631,936; enfin, il trouve que le volume de chaque particule est de $\frac{38}{1,000,000,000,000,000,000}$.

Cette prodigieuse ténuité des molécules odorantes a fait penser au professeur Walter que la sensation des odeurs n'était pas due au contact de ces molécules avec la membrane olfactive, mais bien à une action dynamique du corps odorant sur le sens de l'odorat; de même qu'aucune particule sonore n'émane des corps sonores.

Le docteur Starch d'Édimbourg a publié un mémoire où sont consignées de fort curieuses expériences sur l'émission et l'absorption des odeurs. Selon lui, les tissus de matières animales ont plus d'affinité pour les odeurs que les tissus végétaux; l'absorption des odeurs par les tissus de couleur est soumise à la même loi qui régit l'absorption du calorique, c'est-à-dire que les étoffes noires absorbent le plus d'odeur, et ce pouvoir absorbant diminue à mesure que la couleur s'éclaircit, de telle sorte que les étoffes blanches sont celles qui absorbent le moins d'odeur.

Les odeurs imprègnent tous les corps à divers degrés et se combinent avec la plupart des liquides. — Les gants conservent très-longtemps le parfum de l'ambre, le papier et le coton celui du musc. Les huiles et les graisses retiennent très-bien les principes balsamiques et volatils; l'eau et surtout l'alcool se chargent parfaitement de l'esprit aromatique des fleurs. C'est sur cette connaissance qu'est fondée la fabrication des eaux, huiles, essences, alcoolats, pâtes, pommades et pastilles de senteur, précieux auxiliaires de la beauté, auxquels la femme a bien souvent recours. Ainsi le parfum des fleurs, si léger, si fugace, est rendu fixe par l'art et l'industrie; au moment où ce parfum allait s'échapper pour jamais du sein de la fleur épanouie, l'homme s'en saisit, s'en rend maître et le fait servir à augmenter la somme de ses jouissances.

Les corps odorants peuvent l'être constamment ou ne l'être qu'à certaines époques, à certains moments. Ainsi les uns exhalent leur arome le matin, les autres au milieu du jour; ceux-ci le soir et ceux-là pendant la nuit. Diverses circonstances peuvent aussi faire varier l'intensité de l'odeur, telles que l'humidité, la lumière, la chaleur, etc.; l'addition d'une substance fait aussi développer la force d'une odeur qui seule était à peine sensible.

L'extrême subtilité des odeurs et l'impression trop fugitive qu'elles exercent sur nos organes ont été jusqu'ici un obstacle à leur classification. Cependant quelques savants ont essayé de les diviser par groupes; Linné en forma sept divisions :

Les odeurs aromatiques,
  — fragrantes,
  — ambrosiaques,
  — alliacées,
  — fétides,
  — repoussantes,
  — nauséeuses.

Fourcroy les divisa en cinq genres :

Les odeurs muqueuses,
  — huileuses fugaces,
  — huileuses volatiles,
  — aromatiques et acides,
  — hydro-sulfureuses.

Virey, le verbeux auteur, trouvant ces classifications insuffisantes, établit vingt ordres d'odeurs que nous nous abstiendrons d'énumérer. On a aussi proposé de scinder toutes les odeurs en deux grandes classes : les odeurs *agréables* et les odeurs *désagréables;* mais cette distinction est purement relative, attendu que telle odeur, agréable à telle personne, est désagréable à telle autre.

1.

Ces classifications sont défectueuses, puisqu'elles ne font connaître que la qualité des odeurs et ne donnent aucune idée de leur nature, de leur *individualité*, s'il nous est permis de hasarder ce mot. Quoique la chimie n'ait encore pu se prononcer d'une manière certaine sur l'existence des odeurs *primitives*, comme l'a fait sa sœur la physique relativement aux couleurs, il est cependant à présumer que la grande famille des odeurs se reproduit par le mélange ou la combinaison de plusieurs odeurs primitives. Or, il nous a semblé qu'une classification, basée sur le caractère individuel de l'odeur, serait plus naturelle. Il s'agirait donc de choisir, parmi les odeurs, celles qui offrent un caractère plus tranché, pour en faire des odeurs *types* ou *mères*, autour desquelles se grouperaient les odeurs analogues. Les différentes familles de cette classification porteraient les noms des odeurs mères; de telle sorte qu'au seul nom de famille on reconnaîtrait l'odeur et les diverses nuances qu'elle peut fournir. Ainsi les odeurs qui rappelleraient le parfum de la rose appartiendraient à la famille des *rosodores*; celles qui se rapprocheraient de l'odeur du musc, *muscodores*, etc., etc.

Le cadre suivant, bien imparfait sans doute, pourra donner l'idée, à ceux qui continueront notre travail, d'une classification plus complète que celles proposées jusqu'ici.

Rosodores. — Embrassant tous les végétaux qui fournissent une odeur semblable à celle de la rose ou s'en rapprochant.

Jasminodores. — Jasmins et leurs succédanés.

Aurantiodores. — Oranges-citrons-bergamotes, etc.

Myrtodores. — Girofles, myrtes, œillets.

Labiodores. — Odeurs fournies par les labiées.

Magnoliodores. — Badiane, anis, fenouil.

Laurinodores. — Cannelle et ses succédanés.

Menthodores. — Menthe et ses diverses espèces.

Muscodores. — Musc, civette, castoréum, etc., et ainsi de suite pour toutes les plantes à odeurs types.

Nous terminerons cette première section en faisant observer que les mots *odeur* et *parfum* ne sont point synonymes. Le premier désigne toute émanation agréable ou désagréable, tandis que le second emporte toujours avec lui l'idée d'une odeur agréable. Le mot parfum peut à la fois désigner la bonne odeur et le corps qui la fournit ; c'est dans ce sens que l'encens, la myrrhe, le benjoin, l'ambre, etc., etc., sont comptés parmi les parfums.

SECTION II

DES PARFUMS

ET DE LEURS DIVERS USAGES CHEZ LES PEUPLES ANCIENS
ET MODERNES.

L'usage des parfums, des odeurs et aromates de toute espèce avait pris une immense extension dans l'antiquité. Les peuples d'Asie et d'Afrique, la Grèce et Rome, en furent prodigues. Plus avides que nous des impressions qui excitent aux plaisirs, les anciens considéraient les odeurs suaves comme indispensables à leur existence. — Dans Athènes et Corinthe, l'amour des parfums était si général, qu'on se réunissait chez les parfumeurs, de même qu'aujourd'hui on se rend aux cafés. — A Rome, les patriciennes abusèrent avec tant de profusion des parfums, qu'on craignit un moment que l'Arabie, épuisée, ne pût désormais en fournir, et des lois furent promulguées pour en refréner l'abus.

A ces époques, la passion des parfums se montrait si envahissante, que riches et pauvres ne pouvaient s'en passer. On les prodiguait partout, en toute circonstance ; dans les aliments et les boissons ; au milieu des festins où les convives célébraient Bacchus et l'amour ; dans les bains, sur le corps et les vêtements. Il n'y avait point de fêtes, de réjouissances et de funérailles où les parfums ne fussent employés. On les brûlait devant le berceau du nouveau-né, autour de la couche hyménéenne et sur le marbre des tombeaux. On les offrait aux dieux et aux déesses comme tribut et comme hommage ; pour glorifier les héros, pour honorer les rois, dans les temples, au milieu des palais, sur les places publiques, partout et toujours des parfums !

Le paganisme, qui déifiait la beauté, la laideur, les vertus et les vices, le plaisir et l'amour, avait porté ses dieux à un chiffre très-élevé ; en y comprenant les dieux et les déesses de premier et de second ordre, les héros demi-dieux, la nombreuse famille des nymphes et des divinités inférieures, ce chiffre dépassait *trente-deux mille !* — Le nombre prodigieux d'autels s'élevant de toutes parts à ces divinités, le luxe attaché au culte et la magnificence apportée dans les fêtes, les embaumements des cadavres et les funérailles des grands, exigeaient une énorme quantité de parfums.

Les prêtres de Memphis brûlaient trois fois par jour des parfums en l'honneur du soleil : à son lever le benjoin, à midi la myrrhe, et à son coucher un parfum composé de seize ingrédients.

Les disciples de Zoroastre jetaient six fois par jour des parfums sur l'autel où l'on entretenait le feu sacré.

A Corinthe les parfums brûlaient sans cesse autour des autels d'Aphrodite (1).

(1) Lisez à ce sujet l'intéressant ouvrage intitulé *Laïs de Corinthe*, où les mœurs galantes de l'antiquité sont décrites dans tous leurs détails. Chez Dentu, libraire, Palais-Royal, galerie d'Orléans, à Paris.

L'Église d'Orient consommait chaque année six mille quatre cents livres de parfums, qu'elle recueillait sur un terrain de quatre lieues, acheté en Syrie pour les besoins du culte.

Après les parfums offerts aux dieux, venaient les aromates employés dans les embaumements et brûlés sur les bûchers ou dans des cassolettes pendant les funérailles.

Chez les Égyptiens, tous les morts étaient momifiés, c'est-à-dire embaumés de telle sorte que, mille ans après, les âmes pouvaient reprendre possession de leurs anciens corps, qu'elles retrouvaient dans un état parfait de conservation. Telle était la croyance de ce peuple superstitieux ; aussi embaumait-il ses morts d'une manière si parfaite et si durable, que les cadavres ensevelis il y a quatre mille ans ont pu arriver jusqu'à nous. Les matières dont les Égyptiens se servaient pour cette opération étaient la myrrhe broyée, la cannelle, le cinnamome, l'aloès et diverses autres substances aromatiques résineuses et bitumineuses ; parmi ces dernières se trouvait le fameux *natrum*.

Les Indiens, les Perses, les Grecs, les Romains et presque tous les anciens peuples d'Asie et d'Europe avaient coutume de brûler les cadavres et d'en recueillir les cendres : la famille du mort mettait de l'amour-propre à couvrir de parfums le bûcher ; plus la quantité qu'on y jetait était grande, plus le mort et la famille étaient honorés.

Autour des tombeaux d'Agamemnon et d'Hippolyte, qui existent encore aujourd'hui dans l'Argolide, on brûla, pendant trois mois, des parfums et des aromates.

Aux pompeuses funérailles qu'Alexandre le Grand fit rendre à son favori, la quantité de parfums et de résines aromatiques brûlés pendant le convoi du corps et sur le bûcher épuisa tous les magasins de parfums de l'Inde et de l'Arabie.

Artémise, reine de Carie, employait annuellement une somme de cent mille francs, pour la consommation des parfums qu'on brûlait dans le magnifique tombeau qu'elle avait fait élever au roi Mausole, son époux.

Aux funérailles de Sylla on répandit sur son bûcher deux cent vingt-six charges de parfums.

Néron consomma plus de myrrhe, de cannelle et de cassia aux obsèques de Poppée que l'Arabie heureuse n'en peut fournir dans une année.

A l'entrée du grand Pompée dans Néapolis, des cassolettes de parfums brûlaient aux croisées de chaque maison; et lorsque Antoine entra dans Alexandrie, où l'attendait la célèbre Cléopâtre, l'air était obscurci par les vapeurs et la fumée des parfums.

Lès voluptueux satrapes d'Asie vivaient continuellement au milieu d'une atmosphère chargée des plus suaves parfums. Les flambeaux qui éclairaient leurs palais somptueux répandaient en brûlant de délicieuses odeurs; leurs meubles étaient fabriqués de bois odorants; ils mêlaient à leurs aliments et à leurs boissons de précieux aromates; des fontaines artificielles coulaient au milieu de leurs appartements, et jusque dans les moelleux tapis qui leur servaient de couches on glissait d'enivrants parfums.

Dans un magnifique souper qu'Othon donna à Néron, pour que rien ne manquât à la sensualité des convives, on avait disposé secrètement dans la salle du festin des tuyaux d'or et d'argent qui y versaient des vapeurs aromatiques et des essences d'un grand prix. Des mets et des vins parfumés excitaient les cerveaux, et de nombreuses cassolettes, fumant de tous côtés, complétaient la douce ivresse des sens. Du reste, les Romains ne faisaient, en cela, qu'imiter les Grecs, qui, de tous temps, se montrèrent passionnés pour les odeurs ambrosiaques, ainsi que nous l'apprend l'histoire de ces époques. Les vins les plus estimés des Athéniens et des Corinthiens étaient ceux où l'on mettait infuser des violettes, des roses et autres fleurs sua-ves; les vins ambrés ou rendus amers par la myrrhe, le mastic et l'aloès, faisaient leurs délices. Mais la passion des parfums se développa si violente à Rome, qu'on en frotta les chevaux, les chiens, les meubles et les murailles; enfin l'abus en devint si grand et la consommation si énorme, qu'on craignit d'en manquer pour le culte divin; alors, sous le consulat de Licinius Crassus, parut une loi qui en restreignit considérablement l'usage, et qui spécifia même l'espèce de parfum à offrir à chaque dieu ou déesse :

Le costus.	à Saturne.
Le cassia et le benjoin. . . .	à Jupiter.
Le musc..	à Junon.
L'aloès.	à Mars.

Le safran. . . . .   au soleil (Phébus).
Le mastic. . . . .   à la lune (Phébé).
Le cinnamome. . . . . . .   à Mercure.
L'ambre gris. . . . .   à Vénus.

Le chiffre des substances que les anciens employaient comme parfums est presque fabuleux : le mélange, les préparations, les compositions, les mixtions de ces substances est incalculable. D'après nos érudits, les Égyptiens, les Grecs et les Romains auraient composé plus de volumes sur les parfums et leurs vertus que les savants du moyen âge n'en ont écrit sur l'*ontologie*, ce qui serait exorbitant! On prétend même que l'immense bibliothèque d'Alexandrie, détruite en grande partie par les moines du septième siècle, était spécialement composée d'ouvrages sur cette matière.

Les Grecs et les Romains ne tiraient pas seulement leurs parfums de l'Arabie; les productions de ce pays n'auraient pu suffire : ils demandaient encore à l'Inde ses aromates et ses épices. Pour fournir aux besoins toujours croissants de ces vainqueurs, de nombreuses caravanes partaient d'Égypte, à certaines époques de l'année, et allaient dans les contrées orientales de l'Asie faire des chargements de parfums et d'épices, puis revenaient les verser dans les magasins des villes maritimes les plus commerçantes : Tyr, Byblos, Smyrne, Byzance, Corinthe, Alexandrie, etc. Les ports de ces villes d'entrepôt étaient toujours encombrés de vaisseaux marchands qui venaient prendre ces matières pour les transporter et les disperser dans les différentes contrées de l'Europe.

Dans le morceau suivant, tiré d'un ancien auteur, on trouvera quelques détails sur les plantes et aromates dont l'antiquité se servait pour les funérailles.

« Lorsqu'un malade a rendu le dernier soupir, on suspend à la porte de sa maison des branches de cyprès et de saule pleureur. Les embaumeurs arrivent et commencent par laver le cadavre, puis le placent dans un cercueil garni de tiges sèches de jonc et de papyrus; ils le couvrent ensuite de parfums composés avec l'*encens*, la *myrrhe*, l'*amome*, l'*opobalsamum* et l'*aloès*; sa tête est entourée d'une couronne tressée de laurier, de lis, de peuplier blanc, d'ache, de roses blanches, selon son âge, son sexe, sa position sociale et les honneurs dont il fut revêtu. Il reste un ou deux jours ainsi exposé aux regards du public. Après cette exposition, on place le cadavre sur un bûcher construit avec divers bois résineux; on y jette encore des parfums, tels que le cassia, la myrrhe, l'encens, le costus, le nard, l'amome et le cinnamome, pour masquer l'odeur désagréable que dégage la combustion du corps. Lorsque les flammes ont tout consumé, on recueille les cendres et on les enferme dans une urne avec divers parfums. L'urne est portée dans un tombeau environné d'arbres funèbres, et l'on sème autour diverses plantes consacrées aux mânes : l'ache, le pothos, la violette, l'asphodèle, la jacinthe, le narcisse, etc. Enfin, les parents et amis du défunt, qui l'ont accompagné à sa dernière demeure, se réunissent à un banquet funèbre où l'on sert des fèves, des lentilles, de l'ache et de la laitue; on fait des libations avec des coupes entourées de violettes et d'asphodèles, et tout le monde se sépare dans le recueillement. »

A la chute de l'empire romain, ce commerce diminua en Europe pour se concentrer en Asie; avec l'ancienne civilisation sembla s'effacer l'amour des parfums. Pendant cette époque désastreuse où des flots de barbares inondèrent la capitale du monde, promenant de tous côtés le fer et l'incendie, le luxe, les arts et la poésie cherchèrent une autre patrie, et les parfums les suivirent.

Cependant la civilisation moderne jetait ses racines et s'élevait sur les débris de l'ancienne; une ère nouvelle s'ouvrait, ère de galanterie et de courtoisie où les droits de la beauté devaient être désormais reconnus; alors les femmes, pour assurer définitivement leur puissance, appelèrent les parfums à leur secours.

Le goût des parfums reparaît donc au moyen âge : les reines, les princesses et les châtelaines en répandent l'usage autour d'elles, et, pour leur plaire, les seigneurs s'empressent de les imiter.

Au baptême de Clovis on alluma des cierges odorants, on brûla des parfums aux portes de l'église, et des nuages d'encens s'élevèrent dans la nef.

Charlemagne aimait, après ses victoires, à se reposer dans son palais, où l'on brûlait de précieuses résines.

Saint Louis adorait les parfums et disait dans les champs de la Palestine : « O délicieux pays d'Arabie! j'ambitionne ta conquête pour offrir au Seigneur ta myrrhe et ton encens! »

Parmi les pompes du culte chrétien, qui, dans les

processions, se développaient jadis si magnifiques, les parfums et les fleurs tenaient le premier rang.

Nos religieux ancêtres, malgré leurs scrupules, avaient adopté les coutumes païennes; on ne trouvait point chez eux de cérémonies, de fêtes et de noces où l'on ne se coiffât de *chapels* de fleurs, où l'on ne brûlât quelques *gais parfums*.

Chez les hauts seigneurs du moyen âge, c'était avec de l'eau de rose qu'on se lavait les mains et la bouche après le repas; les plus riches mettaient de l'amour-propre à avoir des fontaines jaillissantes d'eau de senteur pour embaumer les salles du festin.

Dans un repas splendide donné par Philippe le Bon, duc de Bourgogne, on voyait en face de la table une statue d'enfant qui répandait de l'eau de rose.

On cite également une fête somptueuse que donna la ville de Marseille au duc de Provence : un superbe jet d'eau, alimenté par de l'eau de fleurs d'oranger, joua pendant six heures que dura le dîner.

Sous le règne de Louis XV, les dames qui fréquentaient la cour adoptaient chaque jour un nouveau parfum, de telle sorte que les salles du palais étaient un jour embaumées de nard indien ou de tubéreuse, le lendemain, d'ambre ou d'aloès, et les jours suivants par d'autres parfums. La variété de ces douces odeurs, l'art qu'on mettait à les disperser sur les vêtements, de manière à ne point choquer l'odorat le plus impressionnable, valurent à cette cour, de l'aveu même des étrangers, le nom de *cour parfumée*.

A dater de cette époque, les parfums sont devenus,

en France, un des besoins de la toilette. L'art du parfumeur, auquel la chimie a imprimé de si grands progrès, sait conserver les odeurs les plus fugaces, et les offre à la beauté sous une infinité de formes dont la suavité témoigne de l'habileté du parfumeur (1).

CHAPITRE II

PHYSIOLOGIE DES ODEURS.

DE LEURS EFFETS SUR L'ÉCONOMIE HUMAINE

Nous avons dit que les odeurs étaient des émanations invisibles, impondérables, des corps odorants; que l'air leur servait de véhicule et que le sens de l'odorat était l'appareil indispensable au moyen duquel nous pouvions les distinguer. Nous allons maintenant passer à la description de leurs effets sur notre économie.

Les odeurs produisent des effets aussi variés qu'étranges sur le système nerveux de l'homme et des animaux. La molécule odorante frappe d'abord les nerfs

---

(1) La variété des parfums que compose la parfumerie parisienne pour être expédiés sur les quatre parties du monde est réellement prodigieuse. Consultez son catalogue.

olfactifs ; aussitôt ces nerfs sont mis en vibration, et, avec l'instantanéité du télégraphe électrique, les vibrations se communiquent au centre nerveux cérébral, où naît la sensation, le sentiment de l'odeur. Mais l'action vibratoire ne se borne point au cerveau chez les personnes impressionnables, elle se propage avec la même rapidité au système nerveux tout entier. Ce merveilleux mécanisme de la sensation et de la propagation des odeurs a été comparé à celui de la propagation des sons. — L'action des odeurs, tantôt forte et durable, tantôt faible et passagère, se manifeste par des résultats aussi variables que les tempéraments et idiosyncrasies dans l'espèce humaine ; cette action et les effets qui en résultent sont également subordonnés au mode actuel de sentir des personnes. Cette théorie étant admise, les effets les plus extraordinaires, les plus bizarres, produits par les odeurs, s'expliqueront facilement.

CLASSIFICATION PHYSIOLOGIQUE DES ODEURS.

La classification des odeurs pour le physiologiste doit être différente de celle établie par le chimiste. Le premier n'étudie que les effets de l'odeur sur l'économie animale ; le second soumet à l'analyse chimique et décompose les corps odorants pour isoler et découvrir les principes élémentaires de l'odeur. Nous ne donnerons ici qu'un aperçu de la classification du physiologiste, beaucoup trop complexe pour trouver place dans cet ouvrage.

Les odeurs **Toniques,** agissant sur l'économie animale, à la manière des aliments et boissons toniques ou confortantes.

Les **Débilitantes** ou *écœurantes*, occasionnant des faiblesses, des lipothymies.

Les **Enivrantes,** donnant lieu à l'ivresse.

Les **Caustiques,** dont l'action prolongée occasionne la tuméfaction de la membrane muqueuse du nez et provoque des hémorragies.

Les **Névropathiques,** provoquant des agacements de nerf, des convulsions.

Les **Névrophiles** ou *nervines*, amies des nerfs et calmant leur agitation.

Les **Hystériques** et **Antihystériques,** provoquant ou calmant les spasmes nerveux.

Les **Emménagogues,** ayant la propriété de rétablir le flux cataménial supprimé.

Les **Hypnotiques** ou *somnifères*, agissant comme les potions narcotiques.

Les **Vomitives** et **Purgatives.**

Les **Carminatives.** — Voyez ce mot dans le dictionnaire de l'Académie.

Les **Hilariantes,** excitant à la joie.

Les **Aphrodisiaques, Ambrosiaques,** etc., et beaucoup d'autres qu'il serait trop long d'énumérer.

L'expérience a prouvé que les émanations des fleurs appartenant à la famille des rosacées, des liliacées, des papillonnacées et autres fleurs suaves, agissaient à la manière des narcotiques. Ces odeurs procurent d'abord une sorte d'ivresse voluptueuse ; leur effet continuant toujours, l'innervation languit, la circulation se ralentit, les artères et veines du cerveau s'engorgent, les paupières s'appesantissent, on tombe dans la somnolence. Si les émanations des fleurs sont abondantes dans une chambre étroite et bien close, la personne soumise à l'action des molécules odorantes est frappée d'un commencement d'asphyxie semblable à celle causée par l'acide carbonique. Au réveil on ressent un violent mal de tête, la respiration est gênée, la démarche incertaine ; les yeux sont comme voilés, et, parfois, on éprouve des nausées, des défaillances. Tels sont les principaux symptômes que présentent les personnes qui ont eu l'imprudence de se coucher dans une chambre où se trouvaient des vases de fleurs odorantes. — Les odeurs exhalées par les parties vertes des plantes n'ont pas le même inconvénient et ne sont généralement pas nuisibles. La raison de la nocuité des fleurs et de l'innocuité des parties vertes est celle-ci : les fleurs absorbent l'oxygène de l'air et lui rendent en échange de l'acide carbonique ; les feuilles, au contraire, retiennent l'acide carbonique et versent de l'oxygène dans l'air.

Relativement aux effets singuliers produits par les odeurs, nous citerons le fait suivant.

Une dame, sachant que je m'occupais de la physiologie des odeurs, me fit cette confidence : — Un jour, en cueillant des fraises, me dit-elle, je fus saisie d'un pressant besoin d'uriner et forcée de l'accomplir. Le lendemain, étant descendue au jardin pour cueillir des roses placées devant une bordure de fraisiers, le même besoin se fit sentir aussi violemment. Étonnée de ce phénomène insolite, je résolus d'expérimenter si les émanations des fraisiers en étaient la cause. Je répétai donc l'expérience pendant plusieurs jours de suite, et, chaque fois, la vertu diurétique des fraisiers opéra son effet. Depuis cette époque, je ne puis passer auprès d'une touffe de fraisiers sans éprouver le même phénomène.

Boerhaave nous apprend qu'il fut frappé d'ivresse en préparant une pommade avec de la jusquiame, et qu'il tomba renversé dans son fauteuil.

Boyle rapporte qu'étant allé chez un apothicaire de ses amis, où l'on pilait de l'ellébore noir, lui et tous ceux qui se trouvaient dans le même local furent purgés comme s'ils avaient pris médecine.

Orfila cite l'observation d'une dame qui éprouvait une tuméfaction de la face, aussitôt qu'elle sentait l'odeur d'un cataplasme fait avec de la farine de lin. — Cloquet rapporte un fait semblable.

Les émanations du chanvre, du noyer, des solanées et des papavéracées provoquent au sommeil.

Les journaliers qui arrachent la bétoine pendant les chaleurs de l'été éprouvent tous les symptômes de l'ivresse.

L'odeur concentrée de la jusquiame produit des accidents cérébraux qui ressemblent au délire, à la folie.

Les émanations du safran frappent d'engourdissement, quelquefois de stupeur, les femmes qui le récoltent et les animaux qui en sont chargés.

L'odeur des cantharides occasionne le vertige ; les personnes qui se couchent sous les frênes chargés de ces mouches en éprouvent de violents effets aphrodisiaques. Plusieurs médecins archéologues prétendent que la fureur des filles de Prœtus, mentionnée dans l'histoire ancienne, provenait d'une cause semblable. Chez beaucoup de femmes atteintes d'hystérie, l'odeur du *berberis* et de la fleur du châtaigner renouvelle les accès de cette maladie.

Une dame perdait momentanément l'odorat après avoir senti une tubéreuse. — L'odeur de la même fleur faisait perdre la voix à une autre dame.

L'odeur de la cannelle occasionne des maux de cœur à beaucoup de personnes, à cause de son analogie avec celle de la punaise.

L'odeur de fromage faisait défaillir le célèbre Haller et donnait des crispations au baronnet Sinclair.

Le médecin-légiste Zacchias horripilait à la vue d'une rose blanche et trouvait du plaisir à odorer une rose rouge.

La vue et l'odeur d'une carotte donnaient des attaques d'hystérie à une jeune nonne ; le même légume occasionnait de bruyants éclats de rire à une vieille recluse.

Rostan rapporte, dans son excellent ouvrage d'hygiène, qu'une dame s'évanouit en recevant la visite d'une amie qui portait une rose ; cette fleur n'était pourtant qu'artificielle.

Tout le monde connaît les effets de la fumée du tabac sur les personnes qui n'y sont point habituées.

Les sibylles et pythies de l'antiquité obtenaient l'ivresse fatidique en recevant les vapeurs de diverses plantes excitantes et narcotiques.

Les effluves du noyer, de l'if, du genévrier, du laurier-rose, produisent des céphalalgies aux personnes qui les respirent, et souvent des lipothymies.

Le professeur Hanmann a donné l'observation d'une famille, dans laquelle l'odeur de citron provoquait d'affreuses coliques. Arrivés à l'âge de vingt ans, les membres de cette famille pouvaient impunément odorer le citron, mais il leur était défendu de sentir une pomme de reinette, sous peine d'éprouver un hoquet des plus incommodes.

Un secrétaire de François Ier était frappé d'hémorragie nasale à la plus légère odeur de pomme de reinette. — Chez le frère du secrétaire, l'odeur des pommes cuites déterminait une perte hémorroïdale; et le fils de ce dernier ne pouvait sentir les pommes d'api sans éprouver une sécheresse de gosier accompagnée de violentes quintes de toux.

L'influence des odeurs n'agit pas seulement sur l'homme, elle se fait aussi sentir aux animaux. Ainsi le *chenopodium vulvaria* attire les chiens; — la *cataire* et la *valériane* attirent les chats et opèrent sur eux d'une manière fort curieuse. — Le musc fait chanter les serins; — les crapauds s'attroupent autour des *cotula* et des *stachys*; — les renards et les loups aiment l'odeur du camphre; — on attire par troupe les chakals en plaçant dans un endroit plusieurs *arums* ou pieds-de-veau, etc. (1).

CHAPITRE III

ÉNUMÉRATION ET DESCRIPTION DES PARFUMS LES PLUS USITÉS.

Les fleurs les plus suaves, les parfums, les aromates et généralement toutes les substances aromatiques viennent des climats méridionaux. Cependant on recueille aussi dans les climats tempérés quelques parfums à odeur douce et fugace. — Les trois règnes de la nature fournissent des odeurs, mais le règne végétal l'emporte sur les deux autres par le nombre, la variété et la suavité.

Le chiffre des substances employées dans la parfumerie étant très-considérable, nous nous bornerons à faire connaître les parfums et aromates les plus en usage.

Le musc — la civette — le castoréum — l'ambre gris — et ces précieuses résines, ces baumes qui décou

---

(1) Le lecteur qui désirerait de plus amples détails sur les singuliers effets des odeurs pourra consulter la seconde partie de cet ouvrage ; il trouvera également des faits très-curieux dans les *mystères du sommeil et du magnétisme*, ouvrage d'une lecture aussi attrayante qu'instructive.

lent de l'écorce entr'ouverte de mille arbres et arbustes : — l'encens, la myrrhe — le benjoin — le storax — le mastic — le bdélium — le labdanum — le liquidambar — les baumes de Tolu — de la Mecque, etc.; — les bois de rose — de sandal — d'aloès — de cèdre — de sassafras — de calambac, etc.; — les écorces de cannelle — de cassia — de coutilawan — de citron — d'oranges — de bergamotes etc.; les racines de souchet — de nard indien — de calamus aromaticus — de costus — de zédoaire — de zérumbeth — de galanga etc.; les feuilles, les fleurs, les fruits et semences d'une foule de grands et de petits végétaux tiennent un rang distingué dans la liste des parfums : — la muscade — la vanille — le girofle — le gingembre — l'anis — l'ambrette — le thym — la sauge — l'origan — la lavande — le mimosa — le cardamome — le dictame — l'angélique — la rose — l'héliotrope — le jasmin — le lis — la tubéreuse — l'œillet, etc., etc.

Musc.

Substance animale, de couleur brune, qu'on trouve dans une poche située sous le ventre du ruminant appelé *chevrotin porte-musc*, originaire des montagnes de la Chine, du Tonquin, du Thibet et de la Tartarie. Le musc est une des substances odoriférantes les plus fortes, les plus persistantes; son odeur s'attache à toutes les matières qui se trouvent dans son voisinage. Dans les affections spasmodiques, lorsqu'on donne le musc en potion à l'intérieur, il s'exhale à travers les pores de la peau et imprègne la transpiration d'une odeur musquée. On prétend que l'odeur du musc, sur l'animal vivant, est si violente que les chasseurs sont saisis de saignements de nez, s'ils négligent certaines précautions en dépouillant le chevrotin de sa poche.

Le musc jouit de la singulière propriété de perdre son odeur lorsqu'il est mélangé avec le lait de chaux, le sirop d'orgeat, l'eau de laurier-cerise, le seigle ergoté, l'huile de moutarde, le soufre doré, etc. ; le kermès lui enlève son odeur et lui donne celle d'ognon. De nouvelles expériences feraient découvrir une foule d'autres combinaisons.

La composition chimique du musc n'est pas encore bien connue; on croit qu'il se rapproche de la nature des alcalis volatils, comme dans les vins et les fruits musqués. Néanmoins la chimie est déjà parvenue à composer une sorte de musc artificiel.

En Allemagne, on fabrique, depuis quelque temps, un musc artificiel en traitant une partie d'huile de succin par quatre parties d'acide azotique. On obtient une espèce de résine jaune à odeur musquée.

L'odeur musquée, nommée aussi *ambrosiaque*, se rencontre chez l'homme et chez plusieurs animaux. Alexandre le Grand et le savant Haller avaient la transpiration musquée. — Les bœufs musqués, les buffles, les musaraignes, plusieurs espèces de rats, les cerfs, les antilopes et beaucoup d'autres animaux répandent une odeur de musc à l'époque du rut. — Parmi les oiseaux, la chouette, le canard, le pélican; — chez les reptiles, quelques serpents, le crocodile et diverses tortues sentent le musc; — beaucoup d'insectes sont dans le même cas. — Une foule de plantes possèdent l'odeur du musc à des degrés différents. — Enfin, les excréments de quelques animaux, tels que la fouine, la vache, etc., exhalent une odeur musquée; les vidanges mêmes, traitées par des agents chimiques, donnent également une odeur analogue à celle du musc, d'où l'on peut conclure que la chimie perfectionnera un jour la fabrication du musc artificiel.

Le musc s'emploie rarement seul; son odeur pénétrante et très-tenace peut affecter les nerfs, causer des défaillances et quelquefois des convulsions; mais ce parfum, étant mélangé, en très-petite quantité, avec d'autres substances, telles que l'ambre, l'ambrette, la lavande, etc., perd sa violence et devient agréable à l'odorat.

Civette.

On donne le nom de civette à une humeur onctueuse, d'une couleur jaune pâle et très-odorante, que secrètent trois petits quadrupèdes du genre *vivera* : la *civette*, la *genette* et le *zibeth*. Ces animaux, originaires des climats chauds, vivent difficilement dans les contrées froides; cependant les Hollandais sont parvenus, à force de soins, à les élever dans leur pays, et le parfum qu'ils en retirent est plus estimé que la civette des climats méridionaux. Les eaux de lavande, de thym, d'aspic, et autres eaux de senteur, acquièrent une grande supériorité lorsqu'elles sont habilement préparées avec une petite quantité de civette.

Lorsque les Indiens et les Africains prennent vivants quelques-uns de ces animaux, ils les enferment dans des cages très-étroites, afin de leur interdire tout mouvement ; de temps en temps ils ouvrent la cage, leur embarrassent les jambes, les tirent par la queue, et, introduisant une petite cuiller dans la poche, en recueillent l'humeur qui y est sécrétée. — La civette entre dans la fabrication de plusieurs parfums composés, entre autres de la poudre de Chypre. Les marchands de tabac s'en servent pour parfumer les tabacs à priser.

Castoréum.

Substance animale d'une odeur très-forte qui est sécrétée dans une poche que le castor porte sous le ventre. — Le castoréum est aujourd'hui très-peu employé en parfumerie ; la médecine s'en sert avec succès comme d'un puissant antispasmodique.

Ambre gris.

C'est une matière concrète, molle comme de la cire, mais qui finit par se durcir à l'air et qui acquiert la consistance qu'on lui connaît dans le commerce.

L'ambre gris se trouve particulièrement sur les rivages de l'Inde et de la Chine, où il a été jeté par les vagues. Quelquefois on en découvre des morceaux du poids énorme de cent cinquante livres ; ce fait a été vérifié et attesté par plusieurs naturalistes voyageurs.

L'origine de l'ambre a été longtemps un sujet de recherches et d'erreurs. Les uns pensaient qu'il provenait de certains champignons sous-marins qui, détachés et emportés par les courants, étaient jetés sur les rivages indiens ; les autres croyaient reconnaître dans cette substance le suc résineux de quelques herbes odoriférantes, durci et roulé par les vagues ; d'autres encore en attribuaient la formation à l'écume des mers ; une opinion adoptée par Buffon présentait l'ambre comme un composé de matière animale et de bitume. Enfin, le naturaliste Schwediaur, après bien des recherches, trouva que l'ambre gris n'était autre chose que l'excrément particulier d'une baleine (le *cachalot macrocéphale*). Cette dernière opinion est la seule admise aujourd'hui. L'ambre est contenu dans une poche ou sac du bas-ventre de cette baleine ; tantôt elle le vomit et tantôt elle le rejette par l'intestin. Les baleines à ambre sont ordinairement très-maigres et languissantes ; ce qui a fait penser que la formation de cet excrément tient à un état maladif.

L'ambre gris s'emploie rarement seul : c'est en le mêlant à d'autres parfums qu'on développe son odeur. L'*essence d'ambre* des parfumeurs n'est autre chose qu'une teinture alcoolique d'ambre, à laquelle on ajoute des essences de roses, de girofles, de lavande, etc. Le parfum connu sous le nom d'*essence de civette* s'obtient en faisant macérer dans un litre d'esprit-de-vin rectifié :

Civette. . . . . 15 gram.
Ambre gris. 8

Après trois jours de macération, filtrez et bouchez.

C'est en versant quelques gouttes de cette teinture dans les eaux de senteur, les poudres dentifrices, les savons, etc., qu'on leur donne l'odeur ambrée.

La plus grande consommation d'ambre gris se fait pour les eaux composées et les parfums de toilette ; néanmoins la médecine s'en sert quelquefois contre l'atonie de certains organes. Le codex pharmaceutique renferme plusieurs formules dans lesquelles l'ambre est le principal ingrédient.

Benjoin.

Résine solide, très-odorante qu'on obtient par incision pratiquée dans le tronc du *badamier benjoin*. (Voyez sa description dans la seconde partie de cet ouvrage.)

On distingue deux espèces de benjoin ; l'un, impur, de couleur brune et contenant des matières étrangères ; — l'autre, nommé benjoin amygdaloïde, de couleur dorée, formé de larmes blanches à l'intérieur et liées ensemble par un mastic jaunâtre qui lui donne l'aspect du nouga.

Le benjoin amygdaloïde rappelle l'odeur de la vanille ; celui qu'on tire de Siam est un des plus suaves qu'on connaisse. Les parfumeurs le font dissoudre dans l'esprit-de-vin et en composent une teinture qui entre dans une foule de préparations odorantes. Le cosmétique, autrefois si célèbre et si mauvais pour la peau, portant le nom de *lait virginal*, était tout simplement une teinture alcoolique de benjoin.

Avant que l'analyse chimique eût décomposé et recomposé les corps, on croyait que l'acide benzoïque ou *fleurs de benjoin* ne pouvait exister que dans la résine de ce nom. Aujourd'hui on tire cet acide très-facilement de diverses substances, dans lesquelles on ne soupçonnait même pas qu'il existât. Ainsi les baumes de Tolu, du Pérou et autres; le castoréum, la vanille, l'écorce de bouleau, plusieurs graminées, l'essence d'amandes amères, etc., fournissent de l'acide benzoïque analogue à celui qu'on retire du benjoin.

La manière la plus simple d'obtenir les *fleurs de benjoin* est celle-ci : on étend uniformément du benjoin concassé dans une terrine en fonte; un cône, fait avec du carton poli, est appliqué et collé sur les bords de la terrine. Au sommet du cône on ménage une ouverture, garnie de papier joseph, pour ne rien perdre pendant la *sublimation*; enfin, l'appareil terminé, on chauffe la terrine au bain de sable et l'on maintient la chaleur pendant quelques heures. L'acide benzoïque se volatilise et s'attache aux parois du cône, sous forme d'aiguilles blanches, tandis que la vapeur s'échappe à travers le papier joseph.

Myrrhe.

Gomme-résine qu'on tire d'Arabie et d'Abyssinie; on pense qu'elle est fournie par le *laurus myrrha*. La myrrhe est solide, rougeâtre, de cassure brillante, et très-friable. Elle se trouve dans le commerce en morceaux lisses et plus souvent verruqueux; c'est surtout lorsqu'on la pile et qu'on la mêle à d'autres substances que la myrrhe exhale une plus agréable odeur.

Cette gomme-résine est tonique, antiputride, vulnéraire et balsamique; elle entre dans plusieurs préparations magistrales. — L'histoire sacrée nous apprend que les peuples d'Orient regardaient la myrrhe comme une des productions les plus précieuses de la terre. Du temps de Moïse et bien avant, on la brûlait sur les autels, mélangée avec le benjoin. Enfin, la myrrhe fut un des présents que les rois Mages apportèrent au fils de Marie, dont la parole évangélique devait changer la face des choses humaines de cette époque, et commencer une ère nouvelle.

Labdanum.

Résine qui découle naturellement du *ciste* de CRÈTE. Purifiée de toute matière hétérogène, cette résine est d'une consistance épaisse et gluante; sa couleur est d'un brun-noir et son odeur, assez développée, se rapproche de celle de l'ambre gris. La parfumerie n'en fait presque point usage, et cependant son emploi bien entendu dans les savons et corps gras donnerait d'excellents résultats.

Storax calamite.

Gomme-résine découlant, d'après quelques botanistes, de l'*aliboufier* de Syrie, tandis que d'autres l'attribuent aux pleurs du *liquidambar*.

Ce parfum nous vient d'Alep et de Smyrne, sous forme de pâte solide, rougeâtre, parsemée de petites taches jaunes ressemblant à des fragments d'amandes. Le storax calamite, de même que toutes les résines, s'enflamme à la lumière d'une bougie ; son odeur aromatique, suave et très-pénétrante, ressemble assez à celle du baume du Pérou.

Muscades.

Fruits du muscadier aromatique, originaire des îles Moluques. La noix muscade est composée de trois parties : l'une extérieure, charnue, qu'on nomme *brou* ; l'autre, appelée *macis*, servant d'enveloppe ou de coque à l'amande ; la troisième est la *noix* proprement dite.

Après avoir récolté les muscades, on les dépouille de leur brou, puis on les expose au soleil pour les faire sécher ; enfin, on les trempe dans de l'eau de chaux et on les met dans des tonneaux pour être expédiées. — On retire, par la compression des muscades, une huile concrète ou *beurre* d'une odeur très-suave ; si on les distille, on obtient une huile essentielle, fortement aromatique, dont la parfumerie pourrait tirer meilleur parti qu'elle ne fait.

Mastic en larmes.

Résine aromatique de couleur blanche et transparente, fournie par l'arbuste nommé lentisque. (Voyez la description de cet arbuste à la seconde partie de cet ouvrage.) Les Orientaux se servent de cette résine comme d'un cosmétique; les femmes la mâchent pour se blanchir les dents et se parfumer l'haleine.

Baumes de la Mecque ou de Syrie — du Pérou — de Tolu — de calaba.

Les baumes sont des matières aromatiques, de consistance demi-liquide, qui découlent naturellement ou par incision de certains arbres appelés *baumiers*. Les baumes diffèrent des résines en ce que celles-ci sont sèches et friables, tandis que les baumes appartiennent à la classe des substances molles, oléagineuses, et possèdent toutes les propriétés balsamiques. — L'analyse chimique a trouvé qu'il entrait dans leur composition de l'acide benzoïque et cinnamique, de la résine et une huile volatile.

Les baumes actuellement connus sont au nombre de six : Les baumes de calaba, — du Pérou, — de Tolu, — de benjoin, — le storax ou styrax.

Les baumes servent à une foule de préparations pharmaceutiques et de toilette. Une étude particulière de ces substances rendrait un grand service à la parfumerie.

Camphre.

Le camphre est aujourd'hui considéré par les chimistes comme un des principes immédiats d'un grand nombre de végétaux, parmi lesquels nous citerons : le gingembre, le cannellier, le sassafras, la zédoaire, le galanga, le cardamome et autres amomées. On le rencontre aussi dans les labiées, telles que lavande, thym, romarin, hysope, etc., et dans une grande partie des synanthérées.

On connaît plusieurs variétés de camphre; mais les deux plus communes dans le commerce sont : le camphre japonais et le camphre de la Chine; ce dernier est le plus estimé.

L'arbre qui produit le camphre importé en Europe se nomme *laurus camphora* ou camphrier. La manière de l'obtenir est très-simple : on hache les branches de l'arbre, on les fait bouillir dans l'eau, et, à mesure que l'ébullition avance, le camphre monte à la surface. Lorsqu'on juge que l'eau s'est emparée de toutes les parties camphrées, on la passe à travers un tamis et on laisse refroidir : puis on recueille le camphre solidifié. Mais le camphre ainsi obtenu est à l'état brut : il s'agit de le purifier. Dans ce but, on le mélange avec un peu de chaux et on le sublime dans des matras à fond plat, à la chaleur du bain de sable. On peut encore le purifier en le distillant dans un alambic particulier.

Le camphre raffiné se moule en pains de un à deux kilogrammes. Il est très-blanc, onctueux au toucher, d'une cassure brillante, d'une odeur particulière et très-pénétrante; il ne se pulvérise bien qu'à l'aide d'un peu d'alcool et mieux d'éther. Il est soluble dans les éthers, les huiles fixes et volatiles, les graisses et les résines fondues, etc.

On peut fabriquer un camphre artificiel en faisant

passer très-lentement du gaz acide chlorhydrique sec dans de l'essence de térébenthine maintenue à une basse température. Le gaz est absorbé, et, au bout d'un certain temps, il se dépose une substance blanche qui a une odeur tout à fait semblable à celle du camphre. Cette substance portait d'abord le nom de camphre artificiel ; dans la nomenclature chimique moderne, on l'appelle *chlorhydrate de camphène.*

Préconisé par V. Raspail, dont la médecine est devenue populaire, le camphre fut, il y a quelques années, pour la multitude, une panacée contre toutes les maladies : on le prisait, on le croquait, on le fumait, on en saupoudrait le lit des malades, on l'employait en onctions, frictions et cataplasmes ; enfin on l'administrait sous toutes les formes. Mais, comme toutes les choses sujettes à la mode, la passion du camphre s'éteint de jour en jour.

La parfumerie se sert du camphre pour parfumer ses savons, ses poudres et opiats dentifrices, ses sachets et autres préparations.

On a prétendu que l'odeur du camphre chassait les insectes et préservait les étoffes, les fourrures, des mites ; l'expérience lui conteste cette vertu tout aussi bien que son titre de panacée.

Bois et résine d'aloès.

Ce bois, très-odorant, nous vient de la Chine et de l'île *Socotora,* d'où lui vient le nom d'aloès socotrin. On le trouve dans le commerce en petits morceaux de cinq à six pouces ; il suffit de le frotter pour qu'il répande une odeur agréable ; lorsqu'on le brûle, il répand une fumée aromatique.

Dès la plus haute antiquité, l'aloès était employé dans les cérémonies religieuses et dans les embaumements. Il faisait la base de cette fameuse *panacée* de l'alchimiste Paracelse, qui s'imagina avoir trouvé le secret de prolonger la vie humaine au delà de ses limites naturelles.

Le bois d'aloès remplace en Chine les parfums composés que nous faisons brûler dans les appartements sous le nom de chandelles fumantes.

Bois de sandal.

Il existe plusieurs variétés de ce bois ; c'est le *sandal citrin*, que la parfumerie emploie, en raison de son odeur de rose musquée. (Voyez à la deuxième partie de cet ouvrage.)

Bois de rose ou de Rhodes.

Ainsi dénommé à cause de son odeur analogue à celle de la rose ; il est fourni par une espèce de liseron arborescent. Soumis à la distillation, il donne une essence rappelant celle de géranium.

Cassia.

Écorce du *cassia laurus*, dont les anciens faisaient un très-grand usage dans la parfumerie et les embaumements. David la cite dans ses vers comme un aromate précieux, digne de l'Éternel. Cette écorce circule dans le commerce sous le nom de fausse cannelle.

Cassie des parfumeurs.

C'est une espèce d'acacia, originaire du Levant et cultivée depuis quelque temps en Italie, dans la France méridionale et nos possessions d'Afrique. On tire de ses fleurs un excellent parfum qui existe dans la fabrication de plusieurs composés odorants, et sert particulièrement à préparer les alcoolats ou extraits de violette.

Nard indien.

Plante de la famille des graminées, célèbre chez les anciens par les propriétés aphrodisiaques attribuées à son odeur ; c'est dans sa racine que réside le parfum.

Dioscoride attribuait au nard des vertus extraordinaires et le regardait comme un antidote contre la morsure des serpents venimeux. Les modernes ont vainement cherché quelques-unes de ces vertus ; le nard ne les possède plus, ou du moins le nard d'aujourd'hui n'est point celui d'autrefois.

Les parfums composés avec le nard étaient en grand usage chez les Assyriens et les Babyloniens ; la mode s'en répandit plus tard dans Rome souveraine : les hommes, les femmes de toutes conditions adoraient l'odeur du nard ; ce fut même une passion, comme chez nous celle du vétyver.

Iris de Florence.

Cette racine aromatique est fréquemment employée en médecine et en parfumerie. Réduite en poudre, elle répand une odeur de violette fort agréable ; elle entre dans la composition de divers bols, pilules, électuaires, poudres dentifrices, pâtes cosmétiques, etc.

Souchet odorant.

Sa racine exhale, de même que celle de l'iris, une agréable odeur de violette, mais plus faible et moins durable. Les parfumeurs la font macérer dans du vinaigre, et, après sa dessication au four, la réduisent en poudre pour l'employer à diverses préparations.

Zédoaire.

Racine d'une plante appartenant à la famille des balisiers ; on nous l'apporte de Chine, du Malabar et surtout des îles Philippines, en petits morceaux de deux à trois pouces, semblables pour la couleur à la racine d'iris.

La pharmacie et la parfumerie se servent également de cette racine, la première comme excitante et tonique, la seconde comme parfum agréable.

Galanga.

Racine d'un petit arbre appartenant aussi à la famille des balisiers et qui croît aux Indes orientales. Son odeur est à la fois forte et douce, sa saveur piquante. Les Indiens s'en parfument le corps, en aromatisent leurs aliments et leurs boissons. Les Chinois composent avec le galanga une essence des plus suaves, qui sert à parfumer le thé réservé au palais délicat de l'empereur et des grands dignitaires de l'empire.

Roseau aromatique.

(CALAMUS AROMATICUS.)

Le roseau aromatique croît en Europe; mais on lui préfère celui qui vient des Indes, parce que son parfum est plus prononcé et moins fugace.

Les Indiens mâchent sa racine pour se tonifier les gencives et se parfumer la bouche; plusieurs nations d'Asie en assaisonnent leurs aliments. Nos parfumeurs en tirent bon parti.

Jonc odorant de la Mecque.

Ce jonc arrive d'Arabie en petites bottes; sa saveur est très-amère; son odeur, fortement aromatique, se rapproche de celle de la rose et du pouliot. Cette plante est céphalique, nervine, emménagogue.

Ambrette.

Plante de la famille des malvacées, dont les graines sont employées en parfumerie pour leur odeur d'ambre et de musc assez prononcée. Celle de la Martinique est la meilleure.

Vanille.

Très-recherchée sous le double rapport de son délicieux parfum et de ses vertus stomachiques.

La confiserie et la parfumerie en font un fréquent usage. Les principes odorants de la vanille n'ont pas été bien déterminés : l'un de ces principes est une huile essentielle particulière; l'autre est un acide odorant, semblable à l'acide cinnamique, d'où vient, sans doute, la similarité de l'odeur de la vanille avec celle des baumes et de certaines résines. (Voyez la description du vanilier dans la seconde partie de cet ouvrage.)

Dictame blanc

FRAXINELLE A FEUILLES DE FRÊNE.

Dans la saison chaude, cette plante exhale, à la tombée de la nuit, une si grande abondance d'huile volatile, que l'air qui l'environne s'enflamme au feu d'une bougie. L'eau distillée de fraxinelle est adoucissante, cosmétique et de très-bonne odeur. Cette plante a été vantée comme cordiale, céphalique, alexitère et antispasmodique.

Diapasma.

Le diapasma est regardé, par nos archéologues, comme le plus ancien des parfums composés. C'était un mélange de poudres odorantes dont se servaient les Babyloniens et les Égyptiens pour parfumer les lits et le corps au sortir du bain. Les Égyptiennes et les Juives portaient sur elles des boîtes remplies de diapasma, comme nos dames d'aujourd'hui portent des sachets d'iris et de sandal dans leur sein.

CHAPITRE IV

ESSENCES OU HUILES ESSENTIELLES. = BAUMES, ÉTHERS OU SELS VOLATILS.

Les principes odorants des plantes peuvent se distinguer en trois genres : les huiles essentielles, les camphres, les baumes, les résines et les éthers volatils pareils à ceux qui donnent aux vins et aux fruits leur bouquet. Ces principes, selon les plantes, existent dans les fleurs, les feuilles ou les fruits ; quelquefois dans la tige et l'écorce, dans le bois et les racines. Ainsi la menthe, le thym et autres labiées recèlent le principe aromatique dans les feuilles et la tige ; les roses, le jasmin, la tubéreuse, etc., dans les pétales ; le cannellier dans l'écorce ; l'anis, le carvi dans leurs semences ; le vétyver, l'iris, dans leurs racines. Les différentes parties de la même plante donnent parfois des parfums divers : les oranges vertes distillées produisent un parfum connu sous le nom de *petit grain* ; les fleurs, également soumises à la distillation, fournissent le *néroli*, et de l'écorce on retire l'essence dite de *Portugal*.

La dissection des plantes et leur analyse microscopique ont fait découvrir aux botanistes que les odeurs exhalées par les corolles ou fleurs avaient leur source dans l'appareil sexuel ; que les odeurs émanant des feuilles, de la tige et de l'écorce étaient fournies par de petites vésicules remplies d'huile essentielle. Les odeurs des feuilles et des tiges se conservent même après la mort de la plante, tandis que les odeurs de la fleur proprement dite disparaissent ordinairement après la fécondation. Les fleurs doubles étant stériles, les odeurs sont plus durables. Ces faits sont de la plus haute importance pour les jardiniers fleuristes qui récoltent pour la parfumerie.

SECTION I

DES HUILES ESSENTIELLES ET DE LEURS DIVERS MODES D'EXTRACTION.

Les procédés employés pour extraire des plantes l'huile essentielle qu'elles contiennent sont : 1° la *distillation* des plantes avec de l'eau naturelle ou additionnée de certains sels ; 2° l'*imprégnation* au moyen de corps gras ; 3° la *pression*.

DISTILLATION.

La distillation s'opère généralement au moyen d'un appareil qu'on nomme *alambic*. Les diverses pièces dont se compose l'alambic sont :

1° La *cucurbite* ou chaudière, destinée à contenir le liquide qu'on veut distiller;

2° Le *chapiteau*, s'adaptant à la cucurbite et conduisant par son extrémité, appelée *bec*, la vapeur dans le serpentin;

5° Le *serpentin*, tube roulé en hélice et plongé dans une boîte cylindrique remplie d'eau qu'on nomme *réfrigérant* : le serpentin se termine par un robinet extérieur;

4° Le *réfrigérant* doit être constamment rempli d'eau à une basse température, afin de refroidir et de condenser la vapeur qui arrive dans le serpentin; la vapeur une fois condensée, l'eau s'écoule par le robinet extérieur, sous lequel est placé un *récipient* pour la recueillir.

Plusieurs perfectionnements ont été apportés aux appareils distillatoires; les modifications d'Amblard, de Desmarets, de Soubeiran et autres chimistes qui se sont occupés de cette question, rendent la distillation des alcools et des huiles essentielles plus facile.

Les alambics sont généralement construits en cuivre étamé, à l'exception du serpentin, qui est en étain.

La distillation peut s'opérer de trois manières différentes :

1° A *feu nu*, c'est-à-dire lorsque la cucurbite est directement placée sur le foyer même;

2° Au *bain-marie*, au *bain de sable*, ou au *bain d'huile*, lorsque la cucurbite est placée dans une chaudière contenant de l'eau ou de l'huile en ébullition, ou sur du sable chauffé par le foyer : dans ces trois cas, le feu n'agit qu'indirectement sur la cucurbite, et le degré de chaleur est constamment le même;

3° A la *vapeur* : cette troisième sorte de distillation se fait au moyen d'un tuyau de conduite recourbé, qui porte la vapeur d'une chaudière en ébullition dans l'alambic où l'on veut distiller.

Pour la distillation à feu nu, on commence par disposer les matières à distiller sur un diaphragme métallique, ou une simple claie en paille au fond de la cucurbite, pour isoler ces matières du fond de la cucurbite et les empêcher de brûler. On adapte le chapiteau, puis le serpentin, et enfin le récipient. Cela fait, on lute les jointures, on remplit d'eau le réfrigérant, et l'on chauffe jusqu'à la température de 100 degrés. La tension de la vapeur faisant équilibre à la pression atmosphérique extérieure, la distillation commence. Lorsqu'on distille de l'eau commune, tous les sels que cette eau contient restent au fond de la cucurbite, tandis que l'eau pure, se volatilisant, vient se condenser dans le serpentin, d'où elle s'écoule dans le récipient. Lorsqu'on distille des spiritueux, il faut conduire le feu avec beaucoup de prudence, rafraîchir souvent le chapiteau ainsi que l'eau du réfrigérant, et avoir toujours sous la main des serviettes mouillées pour arrêter l'ébullition en cas d'accident. La rectification des alcools ou esprits n'est autre chose qu'une seconde distillation : on repasse à l'alambic l'alcool distillé une première fois, et, par cette seconde distillation, on le dépouille de toute matière étrangère.

DES HUILES ESSENTIELLES ET DE LEURS DIVISIONS.

Les huiles essentielles ou volatiles se divisent en huiles *légères* et huiles *pesantes*. Les premières, fournies par une foule de plantes dont les principales sont désignées plus bas, surnagent au-dessus de l'eau du récipient. Les secondes, plus lourdes que l'eau, tombent au fond du récipient; telles sont, par exemple, les huiles essentielles de laurier-cerise, de raifort, de séséli, de girofle, de cannelle, etc., etc.

SECTION II

DISTILLATION DES HUILES ESSENTIELLES LÉGÈRES.

Huile essentielle de fleurs d'oranger.

NÉROLI DES PARFUMEURS.

Fleurs fraîches d'oranger. . . . . . . 2 kilogr.
Eau pure.. 6

Après avoir mondé les fleurs fraîches, mettez-les dans un sac de toile métallique, portant le nom de bain-marie métallique; placez ce sac dans la cucurbite contenant l'eau nécessaire; adaptez le chapiteau et le réfrigérant; puis chauffez et distillez jusqu'à ce qu'il cesse de passer de l'huile essentielle dans le récipient. Enlevez avec une pipette l'huile qui surnage, et filtrez s'il est nécessaire. Pendant l'opération, il est nécessaire de renouveler l'eau du réfrigérant : le produit de la distillation en est meilleur. Quelques parfumeurs font ma-

cérer pendant vingt-quatre heures les fleurs dans de
l'eau additionnée d'une poignée de sel, et opèrent ensuite la distillation.

On extrait de la même manière les huiles essentielles
de toutes les plantes labiées, telles que :

Basilic,	Mélisse,	Sariette,
Hysope,	Menthe,	Sauge,
Lavande,	Origan,	Serpolet,
Marjolaine,	Pouliot,	Thym,
Marrube,	Romarin,	etc., etc.

Celles des fruits de plantes ombellifères :

Ache,	Anis,	Coriandre,	Fenouil,
Aneth,	Carvi,	Cumin,	etc., etc.

Celles des écorces de fruits d'hespéridées :

Bergamotes,	Cédrats,	Limettes,
Bigarrades,	Citrons.	Oranges.

Les fleurs des plantes synanthérées se distillent aussi
de la même manière.

Absinthe, Camomille, Balsamite, Matricaire, etc.

La modification apportée par Amblard au récipient
florentin permet à l'huile essentielle de s'écouler par
un petit tube, et dispense ainsi de l'usage de la pipette.

SECTION III

DISTILLATION DES HUILES ESSENTIELLES PESANTES.

Huile essentielle de girofle.

Clous de girofles concassés. . . .   5 parties.
Eau. . . . .   10 parties en poids.
Sel marin.. . . . .   1 partie.

Faites macérer pendant deux fois vingt-quatre heures, puis distillez jusqu'à ce que le produit ne soit plus laiteux. Laissez se déposer au fond du vase l'huile essentielle ; reversez avec précaution dans la cucurbite l'eau qui surnage, et redistillez de nouveau. On renouvelle l'opération deux et trois fois pour extraire toute l'huile essentielle, et l'on termine par la séparation complète de l'huile, qu'on verse dans des flacons. Au bout de quelques jours on filtre pour clarifier l'huile et la dépouiller de toute matière étrangère.

Les essences de cannelle, de bois de Rhodes, de sandal, de calamus, d'aloès, etc., etc., se préparent de la même manière.

SECTION IV

DISTILLATION PAR RÉACTION.

Huile essentielle d'amandes amères.

Tourteau d'amandes amères. . . . . . 1 kilogr.
Eau commune froide. . . . . quant. suffisante.

Délayez le tourteau d'amandes dans l'eau, de manière à former une bouillie claire, que vous verserez dans la cucurbite et laisserez macérer pendant vingt-quatre heures. Après ce temps écoulé, distillez au moyen de la vapeur d'eau, que vous ferez arriver au fond de la cucurbite à l'aide d'un tube venant d'une chaudière en ébullition. Continuez la distillation jusqu'à ce que vous ayez obtenu 2 kilogrammes. Séparez alors l'huile essentielle, plus pesante que l'eau, et reversez cette eau dans la cucurbite pour la redistiller de nouveau. Vous obtiendrez encore de l'huile essentielle d'amandes amères, que vous ajouterez à la première, et ainsi de suite jusqu'à épuisement de l'huile.

L'huile volatile de moutarde se prépare absolument de la même manière.

Exposée à l'air, l'huile essentielle d'amandes amères absorbe l'oxygène et laisse précipiter des cristaux d'acide benzoïque. Cette huile contient de 8 à 14 pour 100 d'acide prussique, dont on peut la débarrasser en la distillant sur de la potasse. Entièrement exempte de cet acide, elle rentre dans la classe des autres huiles essentielles.

L'essence d'amandes amères de la parfumerie est composée d'une partie d'huile volatile d'amandes et de sept parties d'alcool rectifié.

SECTION V

PROCÉDÉS PAR IMPRÉGNATION DES CORPS GRAS.

Il est des fleurs à odeurs fugaces, telles que la jonquille; la jacinthe, la violette, le lis, le jasmin, etc., dont le parfum est très-difficile à fixer; la distillation ordinaire ne donne qu'un faible produit; celle avec l'alcool n'est pas plus satisfaisante. On ne parvient à le fixer qu'en s'en emparant avec une huile fixe et soumettant cette dernière, additionnée d'alcool, à la distillation au bain-marie. (Voyez au chapitre VIII.)

L'autre procédé par imprégnation s'exécute ainsi qu'il suit :

Dans une caisse, garnie à l'intérieur de fer-blanc, bien propre, on place une série de châssis, dont la toile de coton, lessivée, a été imbibée d'huile. On commence par tremper la toile du châssis dans de l'huile de ben, et on l'accroche aux petits clous disposés tout autour du châssis. Sur cette toile on étend un lit de fleurs, soit de jasmin soit de jonquille, de lis ou de toute autre fleur à odeur fugace; puis, sur cette première couche, on applique un second châssis, dont la toile a été préalablement trempée dans la même huile de ben. On étend un second lit de fleurs sur cette deuxième toile, et l'on continue ainsi jusqu'à placer six ou huit châssis et lits de fleurs, selon la hauteur de la caisse. Cela fait, on ferme la caisse et on laisse l'imprégnation se faire pendant vingt-quatre heures. Ce temps écoulé, on ouvre la caisse, et on remplace tous les lits de fleurs par des fleurs nouvelles. On continue ce travail plusieurs jours de suite, jusqu'à ce qu'enfin la toile des châssis soit imprégnée et saturée de l'essence des fleurs. Alors on décroche les toiles, on les plie en plusieurs doubles, et on les place sous une presse pour en exprimer toute l'huile. Cette huile est versée dans des vases bien propres, où on doit la laisser quelque temps, pour que les parties grossières tombent au fond. En dernier lieu, on décante et l'on filtre.

Ce mode d'extraction des huiles essentielles est généralement adopté dans l'Inde, en Orient, en Italie et dans le midi de la France.

PROCÉDÉ PAR EXPRESSION.

Les fruits à écorces odorantes, et particulièrement ceux de la famille des *aurantiacées* : les oranges, les cédrats, citrons, bergamotes, etc., peuvent être soumis à la pression pour en extraire l'huile essentielle. Par ce procédé, les essences sont beaucoup plus fines et plus douces à l'odorat. La manière d'opérer est celle-ci : enlevez l'écorce par zestes, sans toucher au blanc, et mettez-les provisoirement dans un bol en porcelaine on en verre. Lorsque tous vos zestes auront été délicatement enlevés, vous les enfermerez dans un sachet de toile de coton et le placerez sous une presse; enfin, vous tournerez graduellement la manivelle de manière à produire une pression modérée et à ne pas faire éclater le sac. L'huile essentielle ainsi obtenue sera versée dans un vase; on ajoutera un peu d'alun en poudre pour hâter la précipitation des mucilages, et le lendemain on décantera.

Quelques parfumeurs râpent l'écorce au lieu de l'enlever par zestes; mais cette manière d'opérer emportant beaucoup de blanc, donne une essence inférieure à celle obtenue par le zeste.

D'autres coupent les écorces par morceaux et les jettent dans de l'eau tiède, où ils les laissent pendant quelques heures, puis les versent dans l'alambic et distillent au bain-marie. La distillation fournit une plus grande quantité d'essences que par les procédés ci-dessus, mais de moins bonne qualité.

Il existe une manière de distiller, sans alambic, pratiquée dans certaines contrées d'Orient, et dont voici la description :

1° Un grand vase, en forme de dé à coudre, qu'on remplit à moitié de pétales de roses ou d'autres fleurs;

2° Un petit vase, à large ouverture, placé sur un support dans l'intérieur et au centre du grand vase : ce petit vase doit s'élever de quelques centimètres au-dessus du niveau des fleurs;

3° Un cône creux, en fer blanc, dont la base ferme hermétiquement l'ouverture du grand vase, et dont la pointe descend juste au-dessus du milieu de l'ouverture du petit vase. Ce cône a la forme d'un entonnoir non percé; on garnit son intérieur de morceaux de glace ou d'eau glacée, pour faire office de réfrigérant.

Cet appareil, ainsi monté, est enfoncé dans un bain de sable; on chauffe : l'essence se volatilise, s'attache au cône renversé et, refroidie par la glace, se condense, glisse et tombe en goutelettes dans le petit vase. L'opération terminée, on enlève le petit vase et l'on sépare l'essence de l'eau qui s'est formée pendant la volatilisation.

La qualité et la quantité des essences à obtenir dépendent de plusieurs causes; d'abord du mode d'opération, ensuite de l'état de maturité, de conservation des plantes, des climats, des expositions locales d'où elles proviennent. On doit toujours choisir les végétaux qui poussent dans les terrains arides, montagneux et exposés au soleil. C'est à l'époque de leur épanouissement qu'on doit récolter les fleurs et les soumettre immédiatement à la distillation; car les plantes qui restent entassées pendant plusieurs jours peuvent s'échauffer, entrer en fermentation, et l'huile essentielle qu'on en retire se ressent de ces mauvaises conditions.

Les essences doivent être conservées dans des flacons hermétiquement bouchés, cachetés, recouverts d'un papier noir et placés dans un lieu frais. Les vases en verre sombre sont les meilleurs pour protéger les essences contre l'action de la lumière et de l'oxygène de l'air qui les altèrent.

Certaines essences pures sont tellement volatiles

qu'elles s'échappent des flacons les mieux bouchés. Les personnes qui mettent dans leurs meubles à linge un de ces petits flacons d'essence de roses, *non falsifié*, venant de Tunis ou de Smyrne, le trouvent tout à fait vide au bout de quelque temps; l'essence s'est volatilisée, malgré le bouchon cacheté, et le linge est imprégné d'une forte odeur de roses. — L'essence de roses et de jasmin se prépare, dans le Levant, avec des roses musquées et les fleurs du grand jasmin. Il faut une immense quantité de ces fleurs pour obtenir des essences pures : huit cents livres de pétales de roses ne produisent qu'une once d'essence. — Douze cents livres de fleurs de jasmin en fournissent à peine une demi-once !

Les champs de Ghazepore, où l'on fabrique l'essence de roses, sont couverts de rosiers. C'est le matin que sont cueillies les roses et jetées dans des alambics de terre avec deux fois leur poids d'eau. Le produit de la distillation est versé dans des vases non bouchés, mais à l'abri de la poussière et des insectes. On place dans un endroit frais ces vases recouverts d'une simple mousseline. Le lendemain. la surface de l'eau est recouverte d'une pellicule d'huile essentielle de roses, qu'on enlève avec les barbes d'une plume et qu'on enferme dans des vases se bouchant hermétiquement. La même opération se répète chaque matin, jusqu'à ce qu'il n'y ait plus d'huile à la surface de l'eau. L'analyse chimique a démontré que l'essence de roses n'arrive jamais pure en Europe; elle est toujours sophistiquée avec l'huile de sandal ou autres essences analogues.

Nous mettons sous les yeux du lecteur un résumé concis du travail de M. Raybaud, sur la qualité, la quantité et les propriétés physiques des huiles essentielles obtenues par la pression et la distillation.

Tableau des quantités d'huiles essentielles fournies par diverses plantes.

PLANTES.	FAMILLES.	50 kilog. ont donné D'HUILE ESSENTIELLE:		ODEURS.
		kil.	gr.	
Amandes amères .	*Rosacées.* ...	»	90	Amère, volatile, très-pénétrante; saveur brûlante.
Aspic.	*Labiées.*	»	250	Assez forte, se rapprochant de celle du camphre.
Badiane.........	*Magnoliées.*..	1	68	Pénétrante; cristallise à froid, comme l'anis vert.
Basilic.	*Labiées.*	»	212	Analogue à celle de la plante.
Benoîte.'	*Rosacées.* ...	»	55	Bonne; rend très-peu.
Bergamote.......	*Aurantiacées.*	»	76	Très-suave.
Baume des jardins.	*Labiées.*	»	55	Musquée, se rapportant à celle de la menthe aquatique.
Cannelle giroflée..	*Laurinées.* ...	»	45	De cannelle très-douce.
Carvi.	*Ombellifères.*	1	564	Pénétrante et tenace.
Cédrat.	*Aurantiacées.*	»	45	Suave, ayant de l'analogie avec la bergamote.
Citronnelle.	*Flosculeuses.*	»	25	Fine, très-agréable.
Citron.	*Aurantiacées.*	»	29	Très-fraîche et suave.
Fenouil	*Ombellifères.*	»	180	Forte; saveur d'anis.
Girofle...........	*Myrthacées.*	2	52	Suave, très-forte, persistante.
Hysope..........	*Labiées.*	»	167	Très-aromatique.
Laurier-cerise.....	*Rosacées.*	»	68	Pénétrante d'amandes amères.
Lavande.........	*Labiées.*	»	516	De la feuille; suave lorsqu'elle est épurée.
Mélisse..........	*Idem.*....	»	60	Citronnée; plus pesante que l'eau.
Menthe poivrée....	*Idem.*....	»	128	Très-odorante, plus légère que l'eau.
Orange..........	*Aurantiacées.*	»	118	Très-suave; s'obtient par la pression.
Bigarrades.......	*Idem.*....	»	158	Très-odorante; connue sous le nom de néroli-bigarrades.
Origan rouge.	*Labiées.*	»	12	De la plante, mais un peu poivrée.
Romarin.	*Idem.*....	»	110	Celle de Paris est moins odorante, mais plus suave que celle du Midi.
Sandal citrin......	*Laurinées.*....	»	110	Du bois de sandal; légèrement citronnée.
Serpollet.	*Labiées.*	»	110	Très-pénétrante; se rapproche de celle du thym.
Thym...........	*Idem.*....	»	90	Plus forte que celle de la plante.
Verveine.	*Idem.*....	»	91	Très-suave odeur citronnée, d'un grand usage dans la parfumerie.

Composition chimique

DES HUILES ESSENTIELLES. — DE LEUR CLASSIFICATION ET DE LEUR RÉACTION AU CONTACT DES ACIDES ET DES ALCALIS.

Toute huile essentielle pure est un composé chimique possédant des propriétés constantes. Parmi ces propriétés figure l'odeur caractéristique à laquelle on reconnaît telle ou telle essence, et qui paraît être le résultat du groupement des atomes.

Presque toutes les essences végétales sont composées de deux ou trois corps élémentaires : *hydrogène, carbone* et *oxygène*. Il en est quelques-unes qui contiennent du soufre, ainsi que nous le verrons plus loin. Une circonstance des plus remarquables, c'est que beaucoup d'essences tout à fait différentes par l'odeur sont absolument semblables quant à la composition chimique et aux proportions des éléments combinés ; par exemple :

Les essences de { Romarin, Citron, Portugal, Genièvre, etc. } pour 100 parties, sont composées de........ { Carbone... 88,24 Hydrogène. 11,76

La composition de l'essence de térébenthine est absolument la même :

Carbone. 88,24
Hydrogène. 11,76

et cependant l'odeur est tout à fait différente.

On trouve la raison de ce singulier phénomène dans l'*isomérie*. Le nom d'isomérique a été donné aux substances dont la composition chimique est strictement la même, tandis que les propriétés en sont différentes. Les chimistes pensent donc que, dans le cas dont nous parlons, la différence d'odeurs dépend du mode d'agrégation des molécules de carbone et d'hydrogène.

Avant les merveilleuses découvertes que la chimie fait chaque jour, qui aurait pu croire que l'essence de roses et une foule d'autres essences avaient la même composition que le gaz qui brûle dans nos lampes?

Une autre classe d'huiles essentielles offre dans sa composition : *hydrogène*, *carbone* et *oxygène* ; telles sont les essences de cannelle, de badiane, d'anis, d'amandes amères, etc., qui sur 100 parties offrent les proportions suivantes :

```
Carbone. . . . . . . .   81, 8
Hydrogène. . . . . . .    8,11
Oxygène. . . . . . . .   10,81
```

Enfin, il est quelques essences qui, outre les corps élémentaires indiqués, contiennent du soufre. C'est d'après ces bases, posées par l'analyse chimique, que les huiles essentielles ont été divisées en trois groupes :

1° Les essences hydro-carbonées ;

2°   —   oxygénées ;

3°   —   sulfurées.

Les huiles du premier groupe sont les plus nombreuses ; celles du second sont assez généralement solides, d'où leur est venu le nom de *stéaroptènes* ; celles du troisième groupe viennent des crucifères et des liliacées ; les essences de moutarde, de raifort, d'assa fœtida, etc., appartenant au troisième groupe, contiennent du soufre.

Les essences sont très-peu solubles dans l'eau ; cependant la faible quantité qui s'y dissout suffit pour communiquer à l'eau leur odeur : telles sont les eaux distillées de roses, de fleurs d'oranger, de menthe, etc. En revanche, les essences sont très-solubles dans l'alcool, et l'éther les dissout entièrement.

Exposées à l'air libre, les huiles essentielles s'oxydent, c'est-à-dire absorbent l'oxygène de l'air, s'épaississent, et au bout d'un certain temps se transforment en résines ; la lumière accélère cette transformation. Si l'on distille une essence qui est restée longtemps exposée à l'air, le résidu est une matière résineuse due à l'absorption de l'oxygène ; c'est pourquoi il est nécessaire, pour conserver les essences, de les enfermer dans des vases de couleur sombre, de les boucher hermétiquement et de les mettre à l'abri de la lumière.

Lorsqu'on traite les essences par le chlore, leur oxygène se combine avec ce gaz, qui passe à l'état d'acide chlorhydrique, et il se forme un précipité visqueux. Les acides nitrique et hyponitrique y occasionnent un grand boursouflement avec dégagement de calorique ; il y a décomposition mutuelle et quelquefois inflammation subite de la masse. Si ces acides sont mélangés avec de l'acide sulfurique, la décomposition est encore plus violente, et il y aurait danger pour l'opérateur qui ne prendrait pas toutes ses précautions. Les produits qui naissent de cette réaction sont de l'eau, de l'acide carbonique et des oxydes d'azote; leur odeur est nécessairement pervertie.

L'essence de cannelle exposée longtemps à l'air en absorbe l'oxygène et produit de l'*acide cinnamique*. Traitée par la potasse, elle s'y dissout et fournit par la distillation une huile moins dense que l'eau. Le résidu est du cinnamate de potasse. On peut obtenir des cinnamates en traitant de la même manière les différents baumes et quelques résines. Cet acide est peu soluble dans l'eau, mais se dissout parfaitement dans l'alcool. L'essence de cannelle et autres essences du même groupe ayant la même composition chimique, traitées par l'acide acétique, à chaud, se transforment en essences d'amandes amères, et ces essences artificielles d'amandes, traitées à chaud par le même acide, passent à l'état d'acide benzoïque. Aussi fabrique-t-on maintenant l'acide benzoïque ou *fleurs de benjoin* avec des substances tout autres que le benjoin.

L'essence de girofle traitée par la soude ou la potasse devient *benzoate* et laisse dégager de l'hydrogène. Cette essence, ainsi que plusieurs autres, est dissoute par les acides azotique et sulfurique, à chaud, et transformée en acide benzoïque. En s'oxydant, c'est-à-dire en absorbant l'oxygène de l'air, l'essence de girofle fournit, comme l'essence de cannelle, de l'acide cinnamique.

L'essence de menthe dissout une notable quantité d'acide acétique cristallisable.

L'essence d'amandes amères n'existe pas toute formée dans les amandes, ainsi qu'on pourrait le croire ; elle prend naissance pendant la réaction qui s'effectue sous l'influence de l'eau. Pour l'obtenir, on traite le tourteau d'amandes, duquel on a exprimé l'huile, par l'eau froide. Après avoir délayé ce tourteau dans l'eau froide et laissé macérer quatre ou cinq heures, on le verse dans l'alambic et on distille. L'essence amère se volatilise mêlée d'acide cyanhydrique, qui en fait un violent poison ; mais on peut la purifier de cet acide en la distillant sur du protochlorure de fer.

Les huiles essentielles sont volatiles, très-inflammables et fortement excitantes. La médecine ne se sert que de quelques-unes ; mais la parfumerie, la confiserie, la liquoristerie et l'art culinaire en font un fréquent usage et ne sauraient aujourd'hui s'en passer.

Depuis longtemps l'analyse chimique avait découvert, dans beaucoup d'huiles essentielles, deux principes aromatiques, l'un très-suave, l'autre empyreumatique et nuisant à la suavité du premier. Et, pour ne citer qu'un exemple, nous dirons que le même genre de géraniums recèle un principe délicieux de musc et de roses, allié à un autre principe d'odeur repoussante de bouc et de punaise.

Quelques essais ont été faits pour dédoubler les essences et les purger du principe à odeur désagréable. On a dédoublé l'essence de géranium en deux parties, dont l'une presque semblable à l'essence de roses et l'autre d'une odeur fétide. Ce dédoublement peut s'opérer de la manière suivante :

Versez dans une cornue de verre suffisante quantité d'eau distillée pour la remplir à moitié; ajoutez fort peu de sous-carbonate de soude pour rendre l'eau légèrement alcaline; puis versez l'essence de géranium dans la cornue, que vous agiterez pendant quelque temps afin de bien dégraisser l'essence. Cela fait, placez sur un feu doux la cornue, munie d'un tube recourbé qui va plonger dans un vase contenant, aux deux tiers, de l'eau distillée. Surveillez bien la cornue. — Lorsque la moitié de l'huile essentielle de la cornue aura passé du tube dans le vase, arrêtez l'opération. Enlevez avec une pipette l'huile essentielle qui surnage au-dessus de l'eau du vase. La partie d'huile essentielle restée dans la cornue est presque toute composée d'huile empyreumatique d'une odeur très-désagréable.

CHAPITRE V

DES ESSENCES ARTIFICIELLES.

Les progrès de la chimie, cette vaste science qui rend chaque jour tant de services à l'humanité, ont conduit à la fabrication d'essences semblables à celles que fournit le règne végétal, sans avoir recours aux végétaux qui fournissent naturellement ces essences. Nous citerons l'huile artificielle d'amandes amères ou *essence de mirbane*, qu'on retire de la houille. Voici comment on l'obtient :

4.

Lorsqu'on distille de la houille, outre le gaz qui sert à l'éclairage, on retire une matière bitumineuse appelée goudron de houille. Si l'on distille de nouveau ce goudron, le produit qu'on obtient est l'huile de *naphte*, liquide très-inflammable et répandant une odeur caractéristique. Parmi les éléments qui composent l'huile de naphte, on distingue la *benzole*, liquide incolore et très-léger ; la benzole, étant mélangée avec de l'acide nitrique (eau-forte), donne une essence très-odoriférante, analogue à celle d'amandes amères quant à l'odeur, mais qui en diffère quant à la composition chimique, puisqu'elle ne contient pas d'acide prussique. L'industrie prépare l'essence de mirbane de la manière suivante :

Essence de schiste.	1 kilogr.
Acide azotique..	1 id.
Acide sulfurique.	500 gram.

Versez les deux acides dans un ballon de verre, de la capacité de six à sept litres ; enfoncez dans le goulot du ballon un bouchon percé de deux trous, dont l'un recevra un tube de verre d'un mètre de longueur pour donner issue aux gaz ; l'autre trou livrera passage à un second tube de verre qui plongera par un bout dans les acides, tandis que son autre extrémité sera terminée en entonnoir.

Versez dans cet entonnoir, par petites fractions et doucement, l'essence de schiste ; agitez souvent et avec précaution le ballon pour opérer le mélange. Bientôt la température s'élève, des gaz se dégagent, et le *nitro-*

benzine ou essence de *mirbane* se forme et surnage. Il ne sagit plus que de la séparer et de la recueillir.

La chimie n'a point borné ses travaux à cette découverte ; elle est encore parvenue à extraire de l'urine des herbivores (cheval, vache, etc.) une essence tout à fait semblable à celle de mirbane. Le procédé est des plus simples : il s'agit d'isoler l'acide hippurique de l'urine et de le distiller avec l'huile de schiste pour obtenir l'*hippurobenzine*, qui exhale un parfum d'amandes amères très-prononcé.

Nous allons passer en revue les essences artificielles qu'on obtient par diverses combinaisons chimiques.

DES ÉTHERS

AU MOYEN DESQUELS ON PRÉPARE LES ESSENCES ARTIFICIELLES.

Le nom générique d'*éthers* désigne les composés liquides ou solides qui résultent de l'action des acides sur l'alcool. Le nombre des acides étant fort grand, il s'ensuit que celui des éthers lui est presque égal. Nous ne parlerons que des principaux éthers, dont quelques-uns ont franchi le domaine de la chimie pour entrer dans celui de la parfumerie et de la confiserie.

Éther de vin.

Le mélange d'une partie d'alcool avec deux parties d'acide sulfurique étant distillé, on obtient un liquide très-léger, très-inflammable, possédant une odeur particulière. Ce liquide a reçu le nom d'éther de vin. L'éther ne diffère de l'alcool que par une plus faible proportion d'eau.

Au premier mélange d'alcool et d'acide sulfurique, si l'on ajoute une suffisante quantité de nitrate de potasse (salpêtre), on obtient, par la distillation, l'éther nitrique du commerce, très-volatil, très-odorant.

Si au lieu de salpêtre on met de l'acétate de potasse, le produit de la distillation sera de l'éther acétique, d'une odeur fort agréable.

On peut, en substituant tel ou tel acide et en ajoutant tel ou tel sel, obtenir une grande variété d'éthers différents par leurs propriétés et leur composition chimique.

Éther de fruits et de grains.

La distillation de certains fruits et grains fournit un alcool chargé d'huile empyreumatique, d'une odeur pénétrante et désagréable. Quoique la rectification les dépouille de cette odeur, il leur reste néanmoins un arrière-goût désagréable. L'ivresse causée par les eaux-de-vie fabriquées avec l'alcool de grains mal rectifié est beaucoup plus abrutissante et dangereuse que celle occasionnée par l'alcool de vin. La meilleure manière de rectifier les alcools chargés d'huile empyreumatique est de les soumettre à plusieurs distillations au bain-marie ou à la vapeur. Ce procédé est infiniment supérieur à la distillation à feu nu.

Éther de bois.

La distillation du bois dans des cornues de fer donne trois produits différents : du vinaigre ou acide pyroligneux, — du goudron, — de l'eau, — et une espèce d'alcool connu sous le nom d'esprit de bois.

Lorsqu'on distille l'esprit de bois avec de l'acide sulfurique ou tout autre acide, les produits de la distillation sont des éthers particuliers désignés sous le nom d'éthers d'esprit de bois. On peut, en combinant ces éthers avec d'autres substances, obtenir des odeurs toutes différentes les unes des autres.

ESSENCES ARTIFICIELLES

La chimie, toujours infatigable dans ses travaux, a découvert des éthers artificiels doués d'odeurs très-agréables, qui, sous les noms d'essence de poire, de melon, de coing, etc., sont devenus d'importants articles de commerce.

Essence de poire ou de jargonelle.

Cette essence se prépare en distillant un mélange d'esprit de pommes de terre, d'acide sulfurique, d'acétate de potasse et de vinaigre, d'où il résulte un composé d'acétate d'oxyde d'amylum. Cet éther, étendu de six fois son volume d'esprit de vin, acquiert une forte odeur de poire de jargonelle.

Essence de pommes de reinette.

Elle s'obtient par la distillation des mêmes substances que ci-dessus, en substituant toutefois le bichromate de potasse à l'acétate de même nom. Cette essence est un éther amylique additionné d'acide valérianique.

Essence d'abricots.

S'obtient en distillant cent parties d'alcool, dix de caséum d'amandes et trois de dextrine.

Essence d'ananas.

Elle se prépare en ajoutant une partie d'acide butyrique, dissous dans de l'alcool, à six parties d'éther de vin.

Essence de melon.

C'est tout simplement un mélange d'éther de vin et d'acide coccinique retiré de l'huile de coco.

Essence de coing.

On la prépare en combinant dix parties d'éther de vin avec une partie d'acide pélargonique. Cette essence, étendue d'alcool, répand la même odeur que l'huile volatile extraite des pelures de coing. On peut aussi obtenir une essence de coing en distillant de l'huile de rue mélangée à de l'eau acidulée par de l'acide nitrique.

Essence de concombre.

Cette essence peut se fabriquer en distillant une solution de dextrine et additionnant le produit distillé d'un peu d'éther de vin.

Essence de vin de Hongrie.

Ce délicieux arome avec lequel on fabrique les eaux-de-vie artificielles, et qui fut longtemps un secret, n'est autre chose qu'un mélange d'éther de vin avec l'acide œnantique.

Essence de pyrole.

La pyrole est une espèce de bruyère naine, très-odorante et toujours verte; elle pousse en grande abondance dans les bois et les marais desséchés de l'Amérique du Nord. La distillation de cette bruyère donne une huile essentielle, nommée huile de pyrole, qu'on importe en Europe pour servir à la parfumerie. L'huile de pyrole étendue d'alcool et distillée avec une partie de camphre se transforme en un parfum fort agréable.

Essences d'ulmaire et de gaulthérie.

L'ulmaire ou reine des prés et la gaulthérie ou thé du Canada donnent des essences amères; le chimiste est parvenu à imiter la première en traitant l'écorce de saule ainsi qu'il suit : Faites bouillir de l'écorce de saule dans suffisante quantité d'eau; l'eau se chargera d'un principe amer auquel on a donné le nom de *salicine*. Après avoir réduit le liquide par l'évaporation, ajoutez un mélange de bichromate de potasse et d'acide sulfureux; faites bouillir de nouveau, et le liquide réduit se trouvera changé en essence d'ulmaire, autrement dit de *spiræa*, que les chimistes appellent *acide salicileux*.

Essence artificielle de citron.

L'essence de térébenthine traitée de la manière suivante forme un *hydrate* fort curieux :

Essence de térébenthine. . . . . . 4 litres.
Alcool rectifié. 3
Acide azotique. 1

Opérez le mélange dans un vase de verre ou de porcelaine et laissez en repos. Après un mois, surtout en été, le travail s'effectue et donne en peu de temps une grande quantité d'hydrate d'essence de térébenthine. Cet hydrate, étant mis dans de l'alcool, produit des cristaux volumineux d'une parfaite limpidité.

Soumis à l'action du gaz acide chlorhydrique, l'hydrate de térébenthine perd une partie de son eau de cristallisation et se transforme en hydrochlorate, ayant toutes les qualité du camphre de citron. — Si l'on chauffe cet hydrochlorate, il perd une partie de son acide; traité alors par du potassium, il se transforme en une huile fluide, incolore, qui possède l'odeur et les propriétés chimiques de l'essence de citron naturelle.

Essence artificielle de géranium.

C'est par hasard que nous avons obtenu ce produit singulier en traitant le tourteau d'amandes amères, pour en épuiser l'huile, et voici comment : après avoir épuisé, par l'eau bouillante, toute la partie huileuse du tourteau d'amandes, on fait rebouillir dans une nouvelle eau, et après quinze minutes d'ébullition on passe à travers une étamine claire. On laisse déposer la liqueur pendant dix jours, puis on décante, en ayant soin de ne pas toucher au dépôt. On laisse à l'air libre ce dépôt, composé de plusieurs principes. Au bout d'un temps plus ou moins long, la fermentation s'établit, et le dépôt exhale une odeur qui rappelle les diverses odeurs de melon, d'abricot, de pomme de reinette et de nèfles à l'état blet. On recueille ce dépôt et on le fait dessécher à l'étuve ou au soleil. La dessiccation étant obtenue, on le met macérer dans de l'alcool rectifié, et l'on agite pour en opérer la dissolution. L'alcool prend alors une odeur très-prononcée des fruits dont nous venons de parler. Si l'on distille cet alcool au bain-marie, on obtient un parfum analogue à celui du géranium.

Pour abréger le temps nécessaire à la fermentation, on pourrait opérer ainsi : on sait que le tourteau d'amandes amères contient de l'amygdaline et de la synaptase ou ferment naturel ; pour isoler la synaptase on traite le tourteau par l'eau, puis on y verse une solution de sous-acétate de plomb, afin de précipiter les matières gommeuses; on ajoute ensuite de l'acide acétique, dans le but de coaguler l'albumine; enfin, on précipite le plomb par de l'acide sulfhydrique et l'on ajoute une certaine quantité d'alcool.

La synaptase ne tarde pas à se déposer en flocons blanchâtres au fond du vase. On filtre et on lave ce précipité. Une partie de synaptase, ainsi obtenue, suffit pour faire fermenter dix parties d'amygdaline; son action est la même que celle de la levure sur les matières sucrées. Or, en mélangeant une certaine quantité de synaptase à la décoction tamisée du tourteau d'amandes amères, on obtiendrait plus promptement la fermentation nécessaire au développement de l'odeur ci-dessus mentionnée.

Tous les composés chimiques dont nous venons de parler ne sont, pour ainsi dire, que les premiers jalons d'une longue série d'essences artificielles que l'art peut varier à volonté, en combinant la nombreuse famille des acides avec les trois éthers sus-mentionnés, provenant des vins, des bois, des fruits et des graines.

Arome ou bouquet des vins.

Les odeurs et saveurs qui contribuent à la qualité des vins et les distinguent entre eux sont dues à des éthers à peu près semblables à ceux dont nous venons d'entretenir le lecteur. Tous les vins, en général, puisent leur caractère distinctif dans deux et quelquefois trois composés volatils odorants.

Un vin quelconque, soumis à la distillation, fournit d'abord de l'alcool, puis un principe particulier auquel on a donné le nom d'*éther œnantique*. Le vin étant épuisé par la distillation, c'est-à-dire après qu'on en a retiré l'alcool et l'éther œnantique, si on mélange le résidu avec de la chaux et qu'on distille ce mélange, on recueillera un liquide volatil possédant à un haut degré le bouquet du vin soumis à l'expérimentation. En traitant de cette manière n'importe quelle espèce de vin, on obtiendra son principe aromatique et caractéristique.

Tout vin qui a perdu son bouquet est un vin plat, dépouillé de son principe aromatique. Cette perte a lieu par l'évaporation des éthers volatils et par l'oxydation du vin au contact de l'air. Le seul moyen de le ramener à son état primitif serait de lui restituer artificiellement le principe aromatique, c'est-à-dire les éthers volatils qu'il a perdus.

L'usage d'aromatiser les vins et de leur donner un bouquet qu'ils ne possédaient point date de fort longtemps. L'iris de Florence, le calamus aromaticus. sont généralement employés pour donner le bouquet de violettes aux boissons avec lesquelles on les mélange. — L'essence de vin de Hongrie et l'essence d'ananas servent à donner un bouquet au cognac et au rhum de qualité inférieure.

L'art du liquoriste devrait donc être basé sur la connaissance des divers aromates et huiles essentielles qui peuvent, en se combinant avec les boissons alcooliques, leur communiquer un ou plusieurs des éthers dont elles sont privées. Malheureusement les marchands de vins et de liqueurs sont fort peu versés dans les études chimiques et n'opèrent que d'après la routine.

Des odeurs animales.

Tous les animaux, en général, répandent des odeurs particulières à leur espèce et à l'individu; mais ces odeurs, désagréables ou fétides pour la plupart, sortent du cadre de notre ouvrage. Les seules odeurs animales dont la parfumerie tire parti sont celles de musc, de civette et de castoréum, dont nous avons déjà donné la description. Mais le parfumeur chimiste ne s'en est pas tenu à ces trois substances, il est parvenu à fabriquer des teintures alcooliques musquées en faisant macérer, pendant quelques jours, dans de l'alcool, diverses parties du corps de certains animaux. Plusieurs insectes et quelques plantes lui fournissent également une odeur musquée : la bile du bœuf, la vulve desséchée de la vache musquée et de la femelle du buffle. le foie des canards musqués, les œufs de crocodile, les capricornes *moschator* et *suaveolens*, etc., et, parmi les plantes, diverses espèces de géraniums, la moscatelline, le lathyrus, la scabieuse musquée, le chardon nutant, le rhapontic, le pavot des Alpes, les diosma, la monotropa, etc., etc., fournissent par la macération et la distillation des produits très-musqués.

CHAPITRE VI

INSTRUCTION PRATIQUE SUR LA MANIÈRE D'OPÉRER POUR OBTENIR LES EAUX, ESPRITS OU EXTRAITS ODORANTS.

DES HYDROLATS OU EAUX DISTILLÉES DE FLEURS.

Les *eaux distillées* et mieux les *hydrolats* odorants s'obtiennent en distillant de l'eau naturelle sur des fleurs. L'eau de rivière la moins séléniteuse est la meilleure. On se sert des racines, du bois, de l'écorce, des feuilles, des fleurs, des fruits ou des graines, selon que ces différentes parties de la plante sont plus riches en principes aromatiques : par exemple, dans les amomées, ce sont les racines qui fournissent le plus d'odeur; — dans les laurinées, c'est l'écorce; — ce sont les sommités fleuries dans les labiées, etc., etc.

Les plantes qui perdent leur parfum par la dessiccation doivent se distiller fraîches; celles, au contraire, qui gagnent de l'odeur en se desséchant, telles que le sureau, le mélilot, la coriandre, etc., se distillent après dessiccation.

Les racines, bois, écorces, graines et autres parties compactes de la plante seront écrasées et broyées, puis mises en macération dans l'eau, avant d'être soumises à la distillation. Quelques parfumeurs font macérer les fleurs pendant plusieurs jours dans de l'eau salée et les distillent ensuite.

L'on avait cru que les eaux de senteur n'étaient tout simplement que des eaux chargées d'une petite quantité d'huile essentielle, et l'on avait proposé de les préparer, sans distillation, soit en incorporant à l'eau des huiles essentielles et agitant fortement la masse afin d'obtenir un parfait mélange, soit en distillant cette même masse. Mais l'expérience a prouvé que ces procédés étaient défectueux et ne donnaient que des eaux inférieures. — La chimie est venue démontrer que l'eau distillée sur des fleurs contient non-seulement de l'huile essentielle, mais encore des acides volatils tels que les acides valérianique, benzoïque, cinnamique, etc. De plus, on s'est assuré que l'huile essentielle contenue dans ces eaux n'était point à l'état de simple dissolution, mais qu'elle s'y trouvait en parfaite combinaison avec le liquide, puisqu'on ne peut la retirer à l'aide des corps gras.

On connaît, ainsi que nous l'avons déjà mentionné, plusieurs manières de distiller les plantes, soit à feu nu, soit à la vapeur. Parmi les appareils distillatoires à la vapeur, celui de M. Duportal est le plus favorable; celui de M. Soubeiran, qui remplit le même but, est beaucoup moins coûteux.

Lorsqu'on distille à feu nu, et c'est la méthode la plus générale, il faut mener doucement le feu; si on le poussait trop vivement, on altérerait les fleurs, et le parfum serait moins suave.

La quantité d'eau à distiller sur les plantes est subordonnée à leur richesse et pauvreté en principes aromatiques. Néanmoins l'expérience a prouvé que plus on mettait d'eau dans la cucurbite, plus l'essence était de bonne qualité.

Les épithètes de double, triple, quadruple, qu'on donne aux eaux de senteur, indiquent le nombre des distillations et la quantité du produit distillé.

Nous donnerons successivement quelques modèles de préparation pratique des eaux distillées et des esprits ou alcoolats de fleurs.

Eau de roses.

Parmi la nombreuse famille des roses on choisit la *rose pâle*, qui est la plus odorante; il faut avoir soin de la cueillir le matin et par un temps sec; l'humidité nuirait à son parfum.

Après avoir mondé les feuilles de roses, mettez-les dans un vase de porcelaine et versez dessus un litre d'eau claire par demi-kilog de fleurs. Quelques distillateurs ajoutent vingt-cinq grammes de sel dans l'eau et laissent macérer les roses jusqu'au lendemain. Placez vos fleurs sur le diaphragme, en toile métallique, de la cucurbite, et à son défaut sur un lit de paille que vous étendrez au fond de l'alambic pour éviter que les roses ne s'y attachent. Si vous mettez en distillation six ou huit livres de roses, vous devrez les immerger avec le double de leur poids d'eau. Cela étant fait, montez et lutez votre alambic; adaptez le récipient et chauffez par degrés à la température de 100 degrés centigrades. Alors la distillation s'effectue. Ayez soin de renouveler l'eau du réfrigérant pour la tenir toujours fraîche.

Pour obtenir une eau de roses de bonne qualité, on ne doit retirer que la moitié de l'eau versée dans l'alambic : six litres d'eau fourniront trois litres; huit en donneront quatre, etc. Si l'on en retirait davantage, l'eau distillée serait moins odorante et perdrait vite son parfum.

L'eau de roses *double* s'obtient en remplaçant dans l'alambic les fleurs qui ont subi la distillation par de nouvelles fleurs. — On démonte l'alambic, les anciennes fleurs sont remplacées par les nouvelles, puis l'on verse par-dessus l'eau odorante qu'on a retirée de la première distillation, en y ajoutant toutefois un litre; on remonte l'alambic, et l'on recommence une nouvelle distillation en ménageant le feu. L'eau de roses obtenue par cette seconde distillation est d'une suavité remarquable.

Les eaux distillées de muguet, de jonquille, de nymphéa, etc., s'obtiennent exactement de la même manière.

Eau de fleurs d'oranger.

Placez dans la cucurbite, ainsi qu'il a été dit précédemment, un kilogramme de fleurs mondées pour quatre kilog. cinq cents gram. d'eau distillée. L'eau serait moins chargée d'odeur si vous en retiriez davantage.

Pour obtenir l'eau double et triple, comportez-vous ainsi qu'il a été dit pour la distillation de l'eau de roses.

Quelques distillateurs chimistes, s'étant aperçus que l'eau de fleurs d'oranger recélait un peu d'acide acétique, ajoutent à l'eau, avant la distillation, un peu de magnésie en poudre, afin d'absorber l'acide.

Préparez de la même manière les hydrolats ou eaux distillées de :

Absinthe,	Camomille,	Origan,
Basilic,	Lavande,	Sauge, etc.

Eau distillée de menthe poivrée.

Sommités fraîches de menthe.	2 kilog.
Eau commune.	6

Distillez soit au bain-marie, soit à la vapeur, et retirez deux kilogrammes d'eau distillée. — Pour rendre l'eau de menthe plus forte, on verse dans la cucurbite les deux kilogrammes d'eau distillée et on distille de nouveau ; cette fois on arrête la distillation lorsqu'on a retiré un kilog. cinq cents grammes.

Les eaux distillées d'hysope, de marjolaine, de menthe crépue, de mélisse, etc., se préparent de la même manière.

Eau distillée de laurier-cerise.

Feuilles récentes de laurier.	2 kilog.
Eau commune.	4

Triturez grossièrement les feuilles avant de les mettre dans la cucurbite ; ajoutez l'eau et distillez. Arrêtez la distillation lorsque vous aurez retiré deux kilogrammes d'eau de laurier.

5.

Les feuilles de saule, de pêcher et d'amandier se distillent de la même manière, avec des quantités égales.

Les eaux laiteuses d'oranges, de bergamotes, de semences d'anis, de fenouil, etc.. se préparent de la même manière.

Eau distillée d'amandes amères.

Tourteau d'amandes amères.. . . . . . . 1 kilog.
Eau froide.. 2

Délayez les amandes dans l'eau de manière à obtenir une bouillie claire, que vous verserez dans la cucurbite. Laissez macérer pendant vingt-quatre heures, puis distillez au moyen de la vapeur que vous ferez arriver au fond de la cucurbite par un tube communiquant à une chaudière en ébullition. Arrêtez la distillation lorsque vous aurez retiré deux kilogrammes d'eau distillée. Filtrez, lorsque le liquide sera refroidi, pour séparer l'huile volatile non dissoute dans l'eau.

Eau laiteuse de citron.

Zestes frais de citron.. . . . . 1 kilog. 500 gram.
Eau. 5
Alcool. . . . . »   »   125 gram.

Laissez macérer les zestes, pendant deux jours et deux nuits, dans l'eau aiguisée d'alcool, puis distillez au bain-marie, jusqu'à ce que vous ayez obtenu quinze cents grammes de produit.

Eau distillée de fleurs de fèves.

POUR RAFRAICHIR LE TEINT.

Fleurs de fèves fraîches et mondées.. . . . .　1 kilog.
Eau claire.. . . . .　2 litres.

Faites macérer pendant une nuit, et le lendemain distillez au bain-marie. .

Eau distillée de lis.

Fleurs fraîches de lis mondées. . . . . .　1 kilog.
Storax concassé. . . . .　60 gram.
Eau de fontaine. . . . .　5 litres.

Triturez grossièrement les fleurs et mettez-les macérer pendant huit heures dans l'eau; puis distillez au bain-marie.

Eau distillée de mouron.

Mouron mondé.. . . . .　2 kilog.
Benjoin.. . . . .　50 gram.
Eau de fontaine. . . . .　4 litres.

Faites macérer pendant douze heures et distillez.
Ces eaux distillées ont la réputation de rafraîchir la peau et d'embellir le teint.

CHAPITRE VII

DES ALCOOLATS ODORANTS OU ESPRITS DE LA PARFUMERIE.

SECTION I

L'alcool se charge d'un grand nombre de principes odorants, les dissout et les conserve très-bien, surtout les odeurs provenant des substances résineuses. Mais l'alcool ne se charge qu'en très-faible proportion du principe aromatique des fleurs appartenant aux familles des liliacées, des iridées, etc.; c'est pourquoi l'on a recours aux corps gras pour extraire et fixer ce principe; puis on le reprend aux corps gras avec l'alcool; c'est ce que nous verrons plus loin.

Les alcoolats odorants que la parfumerie désigne sous les noms d'*esprits* et d'*eaux de senteur* s'obtiennent en faisant d'abord macérer pendant plusieurs jours les fleurs, plantes et autres substances aromatiques dans de l'esprit-de-vin rectifié, et les soumettant ensuite à la distillation au bain-marie. Les substances telles que fruits, graines, écorces, bois, doivent être concassées avant la macération; mais il faut se garder de les réduire en poudre, car ce produit distillé serait moins suave. Les alcools dont on se sert doivent être d'autant plus forts que les plantes aromatiques, mises en macération, contiennent une plus grande quantité d'eau de végétation.

C'est, nous le répétons, au bain-marie que doit se faire la distillation; on retire seulement les trois quarts de l'alcool employé; le reste étant peu odorant, on le destine à d'autres usages. Les alcoolats de roses cependant peuvent se distiller en totalité. On enlève à ces alcoolats l'odeur de feu qu'ils conservent en les plongeant dans la glace pilée ou en les descendant au fond d'une glacière.

Esprit de menthe.

Feuilles et sommités fraîches de menthe. . . . 1 kilog.
Alcool à 36°. . . . . 3 litres.
Hydrolat (eau distillée) de menthe.. . . . . . 1 litre.

Faites macérer pendant quatre ou cinq jours, puis distillez au bain-marie, et retirez deux litres et demi seulement.

Esprit de marjolaine.

Feuilles fraîches de marjolaine. . . . . . . 1 kilog.
Alcool à 36°. . . . . 3 litres.
Eau distillée de marjolaine.. . . . . 1 litre.

Faites macérer pendant cinq jours; versez ensuite le tout dans la cucurbite et distillez. Lorsque vous aurez obtenu deux litres et demi de produit, arrêtez la distillation.

Préparez de la même manière les alcoolats ou esprits de :

Basilic,	Absinthe.
Hysope,	Mélisse.
Lavande,	Thym, etc.

Esprit de Rhodia

(BOIS DE RHODES).

Bois de Rhodes concassé. . . . . . . 1 kilog.
Alcool à 36°. . . . . 4 litres.

Faites macérer pendant vingt-cinq jours, en ayant soin d'agiter plusieurs fois par jour. Ce temps écoulé, décantez et distillez au bain-marie pour obtenir trois litres.

Autre manière de préparer l'esprit de Rhodia

(PAR SIMPLE INFUSION).

Essence de bois de Rhodes. . . . . 60 gram.
Alcool rectifié. . . . . 2 litres.

Versez l'essence dans l'alcool et laissez infuser pendant trois jours, en agitant de temps à autre. Filtrez ensuite et conservez dans des flacons bien bouchés. Lorsque l'essence de bois de Rhodes est de bonne qualité, l'esprit de rhodia est d'une très-agréable odeur.

Esprit de girofles.

Clous de girofles concassés. . . . . 250 gram.
Alcool. . . . . 2 litres.

Faites macérer pendant quinze jours, puis filtrez. Si, au lieu de filtrer, vous distillez, alors vous obtenez un esprit des plus suaves, qui s'emploie avantageusement dans les parfums composés.

Le même procédé s'applique à la fabrication des esprits de :

Badiane,	Cannelle.
Anis,	Fenu grec.
Ambrette,	Santal citrin, etc.

Alcoolat ou esprit de citron.

Zestes frais de citron.	500 gram.
Alcool à 33°.	5 litres.

Laissez macérer pendant dix jours et distillez à siccité.

Préparez de la même manière les alcoolats ou esprits de :

Bergamotes,	Cédrats.
Oranges,	Limettes.

On peut, comme nous venons de le faire observer, obtenir des esprits odorants par simple solution des huiles volatiles dans l'alcool; mais ces esprits ne valent pas ceux qui sont distillés avec les fruits ou plantes; ils ne sont jamais aussi suaves.

Alcoolat ou eau spiritueuse de roses.

Roses fraîches mondées.	1 kilog.
Alcool à 36°.	2 litres.
Eau de rivière..	1/2 litre.

Laissez macérer les fleurs toute une nuit. Le lendemain opérez-en la distillation au bain-marie. — Pour obtenir une eau spiritueuse plus forte, il faut redistiller le produit de la première distillation, sur un kilogr. de roses nouvelles, vous aurez alors un esprit double.

Eau spiritueuse de fleurs d'oranger.

Fleurs d'oranger fraîches et mondées. . . .   1 kilog.
Alcool à 36°.. . . . .   1 litre 1/2.
Eau commune. . . . .   1/2 litre.

Laissez macérer douze heures et distillez au bain-marie. En redistillant le produit obtenu de la première distillation sur 500 grammes de fleurs nouvelles, l'eau spiritueuse sera double.

Les alcoolats de roses et de fleurs d'oranger sont d'un fréquent usage en parfumerie pour préparer des eaux composées et des extraits de composition de toute espèce.

Alcoolat ou esprit de castoréum.

Castoréum. . . . .   25 gram.
Alcool.. 1,500

Divisez et laissez macérer pendant quelques jours, puis distillez au bain-marie.

Alcoolat ammoniacal aromatique

OU ESPRIT DE SEL.

Cannelle.. . . . .   10 gram.
Girofles.   15
Écorces de citron..   125
Carbonate de potasse..   250
Sel ammoniac..   125
Alcool.. . . . .   2 litres.

Faites macérer, pendant six jours, toutes ces substances dans l'alcool ; ajoutez ensuite deux litres d'eau ; versez dans l'alambic et distillez au bain-marie, pour obtenir trois litres de produit.

Alcoolat de miel composé.

EAU DE MIEL ODORANTE. — ESPRIT DE MIEL.

Miel blanc.	325 gram.
Girofles.	50
Muscades..	25
Coriandre.	500
Cardamome..	50
Benjoin.	25
Storax..	25
Tolu.	25
Vanille.	20
Zestes de citron..	50
Alcool à 36°.	2 litres.

Faites macérer pendant cinq jours, à l'exception du miel. Passez par expression et ajoutez au produit exprimé :

Eau de roses.	250 gram.
Eau de fleurs d'oranger..	250

Alors délayez le miel dans la masse liquide, versez dans l'alambic et distillez au bain-marie.

Cette préparation donne une odeur des plus suaves.

SECTION II

DES TEINTURES AROMATIQUES.

Ces teintures ne sont autre chose que de l'alcool chargé d'un ou de plusieurs principes aromatiques. Autrefois le nom impropre de teinture fut imposé à ces alcoolés aromatiques, parce qu'on leur donnait diverses couleurs, soit pour les rendre plus agréables aux yeux, soit pour tenir secrète leur composition. Aujourd'hui ce nom leur reste encore, quoiqu'on en ait reconnu l'abus.

Teinture de benjoin.

Benjoin amygdaloïde concassé.. . . . . .   250 gram.
Alcool à 36°. 1,500

Laissez en contact jusqu'à ce que le benjoin soit entièrement dissous; ayez le soin d'agiter plusieurs fois par jour. La dissolution étant faite, filtrez et conservez dans des flacons bien bouchés.

Teinture du baume du Pérou.

Baume du Pérou liquide.. . . . . . .   250 gram.
Alcool à 36°. 1,500

Après solution complète, filtrez.

Le baume du Pérou solide peut également s'employer, mais il est moins odorant.

Teinture de baume de Tolu.

Baume de Tolu pellucide. . . . .   150 gram.
Alcool à 36°.   1,500

Filtrez après dissolution complète.

Teinture de storax.

Storax en larmes. . . . .   150 gram.
Alcool à 36°.   1,500

Filtrez après que la dissolution sera complète.

Teinture de liquidambar.

Liquidambar. . . . .   150 gram.
Alcool affaibli, à 22°.   1,500

Laissez la dissolution s'opérer, puis filtrez.

Ces diverses teintures résineuses, ou balsamiques sont d'un grand secours à la parfumerie pour fabriquer une foule d'eaux de senteur composées, de pommades et de parfums variés. Mais le parfumeur devrait connaître les *incompatibles* des baumes, c'est-à-dire les principes odorants qui ne vont point avec les baumes; car le mélange des baumes avec leurs incompatibles produit des odeurs peu agréables et des précipités résineux qu'il faut éviter.

On prépare de la même manière les teintures de myrrhe, de gaïac, de galbanum, de mastic, etc.; certains baumes, tels que ceux de la Mecque, de Chio, du Canada, etc., sont fort peu solubles dans l'alcool pur;

mais ils finissent par se dissoudre dans l'alcool étendu d'eau.

Teinture de maniguette

(GRAINES DE PARADIS).

Graines concassées de maniguette.. . . . . . . 125 gram.
Alcool à 36º. . . . . 500 .

Faites macérer pendant quinze jours ; passez, exprimez fortement à travers un linge fort et filtrez.

Les teintures suivantes se préparent de la même manière :

Amome,	Macis,
Cardamome,	Muscade,
Coriandre,	Pyrèthre,
Galanga,	Zédoaire,
Gingembre,	Etc., etc.

Teinture de vanille.

Gousses de vanille hachées.. . . . . 125 gram.
Alcool.. . . . . 1 litre.

Coupez la vanille par petits morceaux très-minces, et faites-la macérer pendant trente à quarante jours, en ayant soin d'agiter chaque jour ; au bout de ce temps, filtrez la teinture à plusieurs reprises pour bien la clarifier. Cette teinture est d'un fréquent usage en parfumerie, surtout lorsqu'on l'a dépouillée de sa couleur brune par la distillation au bain-marie.

Teinture de musc.

Musc tonquin. . . . . 50 gram.
Alcool à 56°. 500

Jetez de l'eau bouillante dans un petit mortier de marbre pour l'échauder ; mettez aussi le pilon dans l'eau bouillante. Essuyez ensuite ces deux ustensiles et mettez immédiatement dans votre mortier le musc avec quinze grammes de sucre ; pulvérisez soigneusement. Ajoutez peu à peu l'alcool en triturant, de manière à bien diviser et à délayer vos substances. Lorsque votre teinture n'offrira plus aucun grumeau, versez-la dans un bocal et laissez digérer pendant quinze jours. Ce temps écoulé, filtrez et conservez dans des flacons bouchés à l'émeri.

Autre teinture de musc

(SUPÉRIEURE A LA PREMIÈRE).

Musc.. . . . . 50 gram.
Teinture d'ambre.. 50
Teinture de vanille.. 50
Alcool. 400

Broyez le musc ainsi qu'il vient d'être dit, ajoutez ensuite les teintures et l'alcool, et versez dans un bocal que vous laisserez en digestion pendant un mois. Filtrez deux et trois fois s'il est nécessaire, et ajoutez au produit filtré quelques gouttes d'essence de roses.

Cette teinture est infiniment supérieure à la première et peut s'employer dans une foule de parfums composés.

Teinture d'ambre.

Ambre gris. . . . . 50 gram.
Sucre.. 15

Broyez dans un mortier comme il a été dit pour le musc, ajoutez :

Teinture de civette ou de musc. . . . . . . 100 gram.
Alcoolat de roses.. 400

Dans lequel vous aurez fait dissoudre :

Carbonate de potasse. . . . . 15 gram.

Versez le tout dans un bocal et laissez digérer pendant un mois; puis filtrez.

L'alcali développe l'odeur de l'ambre en donnant naissance à un peu d'ammoniaque.

Teinture de civette et de castoréum.

Ces deux teintures se préparent exactement comme la teinture de musc. On leur adjoint l'ambre et la vanille pour les rendre plus agréables.

TEINTURES COMPOSÉES

Teinture aromatique

DITE DES TROIS AROMATES.

Noix muscades concassées. . . . . 65 gram.
Girofles   id. 65
Cannelle fine   id. 45
Fleurs de grenadier. 45
Alcool. . . . . 1 litre.

Faites macérer pendant dix jours et filtrez. Cette teinture est très-bonne pour les contusions.

Teinture d'arnica.

Fleurs d'arnica concassées. . . . . 60 gram.
Girofles   id.. 20
Cannelle   id.. 15
Anis   id.. 15
Alcool.. . . . . 1 litre.

Faites macérer pendant dix jours et filtrez. Employée dans les cas de chute et de contusion.

Teinture aromatique.

DITE CÉPHALIQUE.

Muscades concassées. . . . . 60 gram.
Girofles   id.. 60
Gingembre   id.. 60
Poivre   id.. 60
Cannelle.. 15
Alcool.. . . . . 1 litre.

Laissez macérer pendant dix jours et filtrez. Ajoutez :

Acide acétique.. . . . . 15 gram.

On met dans le creux de la main quelques gouttes de cette teinture, on frotte et l'on respire fortement, dans les cas d'évanouissement ou de syncope.

Teinture laurinée

POUR HATER LA POUSSE DES CHEVEUX.

Feuilles de laurier contusées.. . . . . . . 100 gram.
Girofles concassés.. 15

Poivre long. . . . . 15 gram.
Alcoolat de lavande. 125
Alcoolat de persil. 125

Laissez macérer pendant dix jours dans les deux alcoolats préalablement mêlés; filtrez ensuite.

Cette teinture, employée en lotions, excite énergiquement le cuir chevelu.

Teinture aromatique éthérée.

Cannelle concassée. . . . . 10 gram.
Gingembre id.. 5
Muscades id.. 5
Poivre long id.. 5
Cardamome id.. 10
Éther hydrique.. 500

Faites macérer en vase clos pendant six jours et filtrez.

Excellente dans les évanouissements et lipothymies.

On prépare de la même manière les teintures éthérées dans lesquelles entrent le musc, l'ambre, le castoréum, la civette et les différents baumes.

Teinture polyaromatique
OU BAUME DE VIE D'HOFFMANN.

Essence de cannelle.. . . . . 5 gram.
— de citron.. 5
— de girofles. 5
— de lavande. 3
— de macis.. 5
— de marjolaine.. 3
— de néroly.. 5
Teinture d'ambre musquée.. 2
Alcool. 500

Après quelques heures de contact, filtrez.

Cette préparation jouissait autrefois d'une grande célébrité. On l'employait à l'extérieur en frictions, et à l'intérieur à la dose de quelques gouttes sur un morceau de sucre, ou en potions.

Autre teinture polyaromatique

EAU VULNÉRAIRE CONTRE LES CONTUSIONS.

Feuilles fraîches de basilic.	50 gram.	
— d'hysope..	50	
— de marjolaine.	50	
— de mélisse..	50	
— de menthe..	50	
— d'origan..	50	
— de romarin.	50	
— de sariette..	50	
— de sauge..	30	
— de thym..	30	
— d'absinthe.	30	
— d'angélique.	30	
— de rue.	50	
— de fenouil..	50	
Sommités d'hypéricum.	50	
Sommités de lavande.	50	
Esprit-de-vin à 36°..	1,500	

Contusez toutes ces plantes, faites-les macérer pendant huit à dix jours, puis filtrez. — Lorsqu'on distille cette teinture, le produit distillé, auquel on ajoute un peu de teinture musquée, donne une eau de senteur très-suave.

CHAPITRE VIII

SECTION I

DES EXTRAITS ALCOOLIQUES DE FLEURS A ODEURS FUGACES. COMMENT ON LES OBTIENT.

Les fleurs à odeurs fugaces ne donnent qu'un très-faible produit à la distillation. Ainsi, lorsqu'on distille de l'eau ou de l'alcool sur des fleurs de lis, de tubéreuse, de narcisse, de jonquille, de violettes et de la plupart des liliacées; on n'obtient qu'un très-faible parfum et qui s'évapore en peu de temps. — Les huiles fixes et les corps gras étant les meilleurs excipients de ces aromes délicats, on a recours à eux pour les fixer; on se sert ensuite de l'alcool pour les extraire des corps gras. C'est dans le midi de la France et particulièrement à Grasse que cette opération se fait en grand. Les huiles et graisses imprégnées du parfum des fleurs sont livrées au commerce de la parfumerie, qui les emploie à la fabrication de ses pommades et de ses extraits.

Il existe deux procédés pour préparer les extraits; le premier consiste à faire macérer des fleurs mondées dans des huiles ou des graisses fraîches, pendant dix à quinze jours; puis on délaye ces huiles ou ces graisses dans une suffisante quantité d'alcool à trente-cinq ou trente-six degrés. On laisse infuser pendant quinze jours, ayant soin d'agiter plusieurs fois par jour. Ce temps écoulé, on décante l'huile qui surnage ou bien on l'enlève avec une pipette, et quand il ne reste plus que l'alcool, on le filtre au papier gris, pour le dépouiller de toute particule huileuse. C'est toujours dans des vases de verre ou de porcelaine qu'on doit opérer.

Le second procédé ne diffère du précédent que par la distillation. Lorsque les graisses ou huiles fixes ont enlevé aux fleurs leur principe odorant, on les met dissoudre dans l'alcool, puis on les distille. De cette manière les essences sont entièrement purgées de cette arrière-odeur de gras qu'on distingue dans les extraits mal fabriqués. Quoique nous ayons déjà décrit ce procédé au chapitre IV, article *Imprégnation*, nous y reviendrons, afin que le lecteur qui veut opérer lui-même en saisisse parfaitement tous les détails.

PROCÉDÉ PAR IMPRÉGNATION, DIT DE L'ENFLEURAGE.

Ce procédé, ainsi que nous l'avons dit, exige une caisse doublée de fer-blanc, des châssis et des toiles de laine ou de coton s'adaptant aux châssis. Ces ustensiles doivent être d'une grande propreté. Votre appareil étant disposé, commencez par tremper une toile dans de l'huile fraîche de ben, d'olives ou d'amandes; exprimez l'excès d'huile que contient votre toile et accrochez-la au châssis; étendez ensuite un lit de fleurs préalablement mondées, puis faites glisser le châssis dans la boîte. — Trempez une seconde toile dans l'huile, accrochez-la de même que la première à un second châssis, étendez par-dessus un lit de fleurs et faites glisser dans la caisse. Continuez ainsi cette opération jusqu'à ce que vous ayez autant de lits de fleurs que votre caisse peut contenir de châssis. Fermez ensuite la caisse, de manière que son couvercle établisse une légère compression sur vos fleurs; laissez l'imprégnation s'opérer pendant vingt-quatre heures. Ce temps écoulé, relevez vos châssis, enlevez les fleurs et remplacez-les par d'autres en opérant de la même manière que la première fois. Il est nécessaire de remplacer de la sorte vos fleurs pendant quatre à cinq jours et quelquefois plus, jusqu'à ce qu'enfin l'huile fixe des châssis soit saturée de l'huile essentielle des fleurs. Alors vous décrochez les toiles, et, après les avoir pliées en quatre, vous les soumettez à l'action de la presse pour en exprimer toute l'huile. Cela fait, vous versez l'huile exprimée, dans deux fois son poids d'alcool rectifié, vous agitez fortement et versez le tout dans l'alambic, et distillez au bain-marie. L'alcool monte bientôt chargé de l'essence, et l'huile fixe reste dans la cucurbite. — Tel est le procédé suivi pour préparer les alcoolats de senteur désignés en parfumerie sous le nom d'*extraits*.

On obtient par le même procédé les divers extraits de :

Cassie,	Lilas,	Syringa,
Jasmin,	Muguet,	Tubéreuse,
Jacynthe,	OEillet,	Violette,
Jonquille,	Réséda,	Etc., etc.

Si, au lieu de laver vos étoffes de laine dans de l'alcool, vous les exprimez et en recueillez l'huile, vous obtenez des huiles parfumées aux fleurs, telles qu'on les prépare en Provence et en Italie.

Les huiles ainsi parfumées étaient autrefois de mode; aujourd'hui ce sont les graisses qu'on emploie au même usage, et l'industrie des extraits a pris une plus grande extension.

On peut encore, sans avoir recours à l'alambic, se servir du procédé suivant :

On mélange, dans une bouteille de verre, partie égale d'huile chargée d'odeur et d'alcool à 35°, c'est-à-dire 400 grammes d'huile odorante et 400 grammes d'alcool. On secoue fortement la bouteille, de manière à rendre le liquide laiteux, puis on place cette bouteille dans la glace, ou, si c'est en hiver, on l'expose à la gelée. L'huile se fige et reste au fond de la bouteille; l'alcool se sépare, et, chargé de l'essence qu'il a prise à l'huile, occupe la partie supérieure. On décante l'alcool qui surnage et l'on a obtenu ainsi un extrait.

SECTION II

NOUVEAU PROCÉDÉ POUR EXTRAIRE LE PRINCIPE AROMATIQUE DES FLEURS, ETC.

Pilez dans un mortier n'importe quelles fleurs ou autres substances aromatiques, et lorsque vous les aurez réduites en bouillie ou en poudre, mettez-les dans l'appareil nommé *cylindre à déplacement*, muni de ses accessoires. Versez dessus un poids égal d'éther hydrique. Après quelques heures de macération, déplacez l'éther par la même quantité d'alcool rectifié, et déplacez ensuite l'alcool par une égale quantité d'eau. Recueillez séparément le liquide éthérique et versez-le dans l'alambic pour le distiller. Cette distillation vous donnera de l'éther presque pur; les principes aromatiques resteront au fond de la cucurbite.

D'une autre part, mêlez le soluté alcoolique au soluté aqueux, et soumettez ce mélange à la distillation pour en retirer l'alcool.

Enfin, mettez dans une capsule de porcelaine le résidu aqueux; faites évaporer au bain-marie, et sur la fin de l'opération ajoutez-y le résidu de l'évaporation de l'éther.

On obtient, par ce procédé bien simple, des extraits concrets possédant les principes aromatiques des fleurs et autres substances odorantes. Ces extraits se dissolvent très-bien dans les huiles fixes et l'alcool; la parfumerie pourrait donc en tirer bon parti.

AUTRE MOYEN A ESSAYER.

Pilez n'importe quelles fleurs dans un mortier de marbre, et lorsque vous les aurez réduites en bouillie, jetez-les dans un flacon de verre, puis versez pardessus quantité suffisante d'éther hydrique pour les immerger. Bouchez hermétiquement votre flacon et laissez macérer pendant plusieurs jours. — Versez ensuite tout le contenu de votre flacon sur une étamine de toile blanche, que vous tordrez ou mettrez sous presse, pour exprimer fortement ce que récèlent encore les fleurs.

Cela fait, avec précaution et loin de toute lumière, de tout foyer, versez dans une capsule de porcelaine l'éther que vous venez d'exprimer; placez votre capsule au bain de sable chauffé à cinq ou six degrés seulement, pour vaporiser l'éther, et remuez avec une baguette de verre. Ce travail, nous le répétons, doit se faire avec les plus grandes précautions, éloigné de toute matière allumée qui pourrait enflammer subitement l'éther contenu dans la capsule. Lorsque après la vaporisation il ne restera plus dans la capsule qu'une matière sirupeuse, vous délayerez cette matière et la laverez avec suffisante quantité d'eau alcoolisée (deux parties d'eau et une partie d'alcool). Vous remettrez-la capsule sur le bain de sable, que vous chaufferez à cinquante-cinq degrés, pour faire évaporer. Enfin, l'é vaporation ayant eu lieu, vous raclerez avec une carte la matière sirupeuse restée dans la capsule et l'étendrez sur des feuilles de papier blanc, que vous mettrez sécher à l'étuve. Lorsque cette matière aura été complétement desséchée, vous l'enlèverez du papier et l'enfermerez dans des flacons bien bouchés pour vous en servir au besoin. Cette matière est formée de l'huile essentielle des fleurs et se dissout très-bien dans l'alcool.

SECTION III

DES DIVERS MÉLANGES D'EXTRAITS ET DE TEINTURES AROMATIQUES POUR OBTENIR DES EAUX DE SENTEUR.

La combinaison, le mélange harmonieux des essences, teintures, extraits ou esprits aromatiques et autres composés odorants, produit une immense variété d'eaux de senteur plus ou moins suaves dont nous allons donner les principales formules.

Eau de jasmin.

Alcool à 33°.	2 litres.
Extrait de jasmin.	1
Teinture de Tolu.	15 gram.
— de benjoin.	15
— d'ambre.	5

Agitez vivement ce mélange et laissez digérer jusqu'au lendemain, puis filtrez.

Eau de réséda.

Alcool à 33°..	2 litres.
Extrait de réséda..	1
— de roses.	30 gram.
Teinture d'ambre.	8
Teinture de Tolu..	16

Agitez vivement le mélange, laissez digérer pendant vingt-quatre heures et filtrez.

Eau de tubéreuse.

Alcool. . . . . 2 litres.
Extrait de tubéreuse. 1
Eau spiritueuse de roses.. . . . . 1/2
Teinture de Tolu.. . . . . 15 gram.
— d'ambre.. 5

Agitez fortement ce mélange, laissez digérer jusqu'au lendemain et filtrez.

Eau de violettes.

Alcool. . . . . 2 litres.
Extrait de violettes. 1
Extrait de cassie. 1/2
Eau spiritueuse de roses. 1/2
Teinture d'ambre.. . . . . 5 gram.

Agitez, laissez digérer jusqu'au lendemain et filtrez.

Eau de jacinthe.

Alcool. . . . . 2 litres.
Extrait de jacinthe. 1
Eau spiritueuse de fleurs d'oranger.. . . 1/2
Teinture de benjoin. . . . . 5 gram.
— d'ambre.. 5

Agitez ce mélange, et, après douze heures de digestion, filtrez.

Eau de jonquille.

Alcool. . . . . 2 litres.
Extrait de fleurs de jonquille. 1

Eau spiritueuse de fleurs d'oranger.. . . . 1/2 litre.
— de réséda.. . . . . 1/2
Teinture d'ambre.. . . . . 5 gram.

Agitez, laissez digérer jusqu'au lendemain et filtrez.

On prépare de la même manière toutes les eaux odorantes de fleurs à odeurs fugaces.

Eau d'héliotrope.

Eau spiritueuse de roses. . . . . 500 gram.
— de jasmin.. 500
— de tubéreuse.. 500
Teinture de vanille. 250
— de baume du Pérou. 125
— d'ambre.. 50

Laissez quelques heures en contact et filtrez.

Eau de vanille.

Teinture de vanille.. . . . . 1,000 gram.
— de baume de Tolu.. 250
— d'ambre et de musc. 60
Eau de roses. 250

Opérez le mélange en agitant, puis filtrez.

Eau de myrte.

Essence de myrte.. . . . . 60 gram.
Alcool. 700
Eau distillée des fleurs et feuilles de myrte.. . . 250
Eau de fleurs d'oranger.. 125
Eau de roses.. 125

Agitez le mélange, puis filtrez.

Cette eau possède la propriété de raffermir les chairs;

si, au lieu de filtrer, on distille, le produit est beaucoup plus suave.

Extrait de fleurs de pêcher.

Alcool.	1 litre.
Eau spiritueuse de fleurs d'oranger..	500 gram.
Essence d'amandes amères.	4
— de citron..	4
Teinture de baume du Pérou.	10

Laissez en contact quelques heures et filtrez.

CHAPITRE IX

DE L'HARMONIE DANS LES ODEURS. — DES PARFUMS COMPOSÉS ET DES COSMÉTIQUES LE PLUS EN USAGE.

Il existe une harmonie dans les odeurs, de même que dans les sons et les couleurs; et l'on pourrait, sans heurter la vérité, comparer les diverses odeurs aux divers sons de l'échelle musicale; les odeurs peuvent s'accorder entre elles et former un tout harmonieux, aussi agréable à l'odorat que l'harmonie des sons est agréable à l'ouïe. Ainsi l'héliotrope, la vanille, la fleur d'oranger, etc., forment, par leur réunion, un accord harmonieux; il en est de même pour le vétyver, le patchouli, le citron, la verveine; mais cette dernière odeur domine les autres; de telle sorte que, dans un parfum composé de ces quatre odeurs, la verveine sera la note la plus aiguë. — Les odeurs, au contraire, qui ne s'harmonisent pas entre elles, produiront sur l'odorat la même impression que produit sur l'oreille un faux accord. Ainsi, le benjoin, mélangé à l'œillet et au thym, donnera une odeur peu agréable. Si l'on imprègne un mouchoir d'un parfum composé de plusieurs essences formant accord parfait, l'évaporation du parfum n'éveillera aucune impression étrangère à l'odeur primitive. Si le parfum a été composé d'odeurs en discordance, le mouchoir, après l'évaporation, offrira une odeur désagréable.

L'art de fabriquer les parfums composés est donc basé sur la connaissance des rapports harmonieux qui existent entre les odeurs, et cette connaissance n'a été jusqu'ici que le résultat de la pratique. Il serait vivement à désirer que la chimie s'installât dans le laboratoire du parfumeur, et poussât cette branche de l'industrie dans la voie du progrès, en l'assujettissant à une théorie.

L'histoire des odeurs, considérée au point de vue de la science, exigerait des études sérieuses. En effet, ne serait-il pas du plus haut intérêt de savoir pourquoi le mélange de deux odeurs suaves donne parfois une odeur désagréable, tandis que la combinaison de deux odeurs désagréables produit quelquefois une odeur suave?

Nous savons déjà que les odeurs d'amandes amères ne sympathisent pas avec celles de citron et de fleurs d'oranger; que la vanille, la cannelle, ne s'accordent pas avec les balsamiques, ni les rosacées avec les ombellifères. — Les liliacées et les labiées se repoussent, mais les iridées s'unissent fort bien aux liliacées et les labiées aux menthacées, etc. Nous savons que plusieurs parfums, peu prononcés par eux-mêmes, ont la propriété d'augmenter l'arome d'autres parfums par leur contact. — L'odeur des lotiers, par exemple, renforce celle des liliacées. — Il ne faut qu'un atome de musc ou de civette pour développer sensiblement l'imperceptible odeur de l'ambre. — Quelques gouttes d'acide sulfurique versées sur du succin lui communiquent l'odeur de l'ambre gris; on connaît une foule d'autres transformations d'odeurs qu'il serait trop long de détailler ici.

Un chimiste habile qui s'adonnerait à l'étude expérimentale des odeurs, rendrait donc de très-grands services à l'art du parfumeur. Il déterminerait les odeurs qui modifient les autres; les mélanges qui fournissent des composés suaves ou nauséabonds; quels rapports sympathiques ou antipathiques existent entre les diverses odeurs; quelles sont les odeurs qui se détruisent par la distillation, qui se transforment par la fermentation et la putréfaction, etc. En un mot, il établirait la gamme des odeurs, de même que le physicien a établi celle des sons. Il dresserait, en outre, une échelle graduée et proportionnelle des mélanges d'odeurs s'accordant ou se repoussant; enfin, il indiquerait les divers agents chimiques propres à donner naissance à des odeurs complétement différentes des odeurs connues. Nous n'avons point la prétention de donner un ouvrage complet; ce sont de simples jalons que nous plantons pour ceux qui viendront après nous. En attendant la réalisation de cet intéressant travail, nous allons donner quelques indications utiles et relater les formules que nous croyons être les meilleures.

DES ALCOOLATS PARFUMÉS

Eau de Cologne

(SUPÉRIEURE).

Essence de citron.	50 gram.
— de cédrat.	10
— de bergamote.	10
— de lavande..	20
— de Portugal.	8
— de romarin.	5
— de thym blanc.	5
— de menthe..	10
— de verveine.	5
— de bigarrades..	5
Alcool à 36°.	1,500
Alcoolat de mélisse..	500
Teinture d'ambrette.	250

Agitez fortement le bocal pour opérer la solution des essences dans l'alcool; après six heures d'infusion, ajoutez :

Teinture d'ambre.	10 gram.

Filtrez plusieurs fois, jusqu'à ce que vous ayez obtenu un liquide parfaitement limpide.

Si, au lieu de le filtrer, on distille ce mélange, on obtiendra une eau de Cologne beaucoup plus fine et plus suave.

Autre Eau de Cologne

TRIPLE — D'UNE TRÈS-SUAVE ODEUR.

Essence de cédrat.	18 gram.
— de bergamote..	12
— de citron (zeste).	12
— de néroli.	4
— de Portugal.	8
— de verveine.	4
— de menthe..	5
— de romarin..	4
— de thym..	4
Alcool à 36°..	500
Alcoolat de mélisse..	500
Teinture de musc.	12 gouttes.

Agitez vivement ce mélange, et, après douze heures de contact, filtrez jusqu'à ce que le liquide soit tout à fait limpide.

Eau de lavande anglaise.

Essence de lavande.	12 gram.
— de bergamote.	12
— de roses..	6 gouttes.
— de girofles..	6
— de romarin.	3 gram.
Teinture de musc.	3
Acide benzoïque..	2
Miel.	30
Alcool..	500
Eau spiritueuse de roses.	50

Agitez pour opérer le mélange, et, après six heures
d'infusion, filtrez.

Eau de lavande ambrée.

Lavande mondée.	1,500 gram.
Zeste de citron.	150
Bois de Rhodes râpé.	60
Alcool.	1,500

Laissez macérer pendant huit jours, puis distillez
au bain-marie.

Versez le produit distillé dans un bocal de verre et
ajoutez :

Alcoolat ou esprit de roses.	125 gram.
Esprit de thym.	50
— de romarin.	50
Teinture d'ambre musqué.	15
Eau distillée de roses.	150

Laissez digérer pendant vingt-quatre heures, et filtrez plusieurs fois, jusqu'à ce que votre liquide soit
parfaitement clair.

Cette eau de lavande est des plus agréables.

Eau de bouquet.

Alcool de miel odorant.	60 gram.
— de jasmin.	20
— de girofles.	15
— de violettes.	15
— de souchet long.	8
— de calamus aromaticus.	8
— de lavande.	8
— de fleurs d'oranger.	2

On mêle en agitant ces divers alcoolats; on laisse infuser, puis on filtre. L'addition d'un peu d'ambre musqué donne plus de montant.

Autre eau de bouquet

SUPÉRIEURE A LA PRÉCÉDENTE.

Essence de girofles.	2 gram.
Teinture de girofles..	8
Essence de bergamote..	8
— de thym..	1
Alcool à 36°.	1 litre.

Faites dissoudre les essences en agitant, puis ajoutez :

Extrait de jasmin.	250 gram.
— de roses.	125
— de jonquilles.	125
— de violettes..	125
— de tubéreuse.	125
— de réséda..	125
— de fleurs d'oranger	125
— de cassie.	125

Agitez de nouveau ce mélange, puis ajoutez encore :

Teinture d'ambre musqué.	8 gram.
— de benjoin vanillé..	8

Après cinq heures d'infusion, filtrez.

Eau de mille fleurs.

Essence de néroli..	2 gram.
— de girofles.	4
Teinture de vanille..	30
Alcool..	1 litre.

Agitez pour faire dissoudre les essences, puis ajoutez :

Eau de bouquet.	1 litre.
Eau de roses..	500 gram.
Eau de fleurs d'oranger..	250
Teinture d'ambre et de musc..	4

Agitez de nouveau, laissez infuser quelques heures,
puis filtrez.

Eau des odalisques.

Essence de citron..	16 gram.
— de bergamote..	10
— de cédrat.	10
Teinture d'ambre et de musc..	5
Eau de verveine.	250
Alcool à 35°.	1 litre.

Parfum incisif

BON POUR LES NERFS.

Alcoolat de mélisse composé.	80 gram.
— de girofles..	40
— de lavande..	20
— de souchet long..	20
— sans pareil..	160
— de jasmin.	45
— d'iris de Florence.	40
— de fleurs d'oranger..	25

Mêlez exactement ; laissez infuser quelques heures,
et filtrez.

Eau spiritueuse de jasmin.

Versez dans une bouteille :

Huile de jasmin. . . . . 250 gram.
Alcool rectifié.. 250

Laissez quatre jours en digestion, ayant soin d'agiter plusieurs fois par jour. Descendez ensuite la bouteille dans une glacière ou placez-la dans de la glace artificielle. En hiver vous pouvez l'exposer à la gelée. — L'huile se solidifie et se précipite au fond de la bouteille. Alors on décante l'alcool, qui a pris tout le parfum que l'huile contenait.

Alcoolat d'iris.

Iris de Florence pulvérisé. . . . . 100 gram.
Alcool rectifié. 500

Faites macérer pendant quinze jours, en ayant soin de remuer souvent; filtrez au bout de ce temps. Recommencez la même opération avec la liqueur filtrée; c'est-à-dire, versez cette liqueur sur une nouvelle quantité d'iris, et laissez macérer quinze autres jours, au bout desquels vous filtrerez.

Extrait de miel de Naples.

Miel blanc. . . . . 2 kilogr.
Roses pâles mondées. 1
Fleurs d'oranger.. 1

Pilez le miel avec les fleurs pour former une pâte que vous délayerez ensuite dans :

Eau de roses. . . . . 3 litres.

Laissez ensuite fermenter. — Lorsque la fermentation acide se sera établie, vous l'arrêterez en versant :

Alcoolat de romarin. 1

Puis ajoutez :

Macis. . . . . 125 gram.
Girofle.. 50
Calamus aromaticus.. 60
Storax calamite. 250
Benjoin. 250
Écorces de citrons et d'oranges. 250
Alcool à 33°. . . . . 2 litres.
Alcoolat de fleurs de pêcher. 1
Eau distillée d'amandes. . . . . 500 gram.

Après huit jours de macération, versez le tout dans l'alambic et distillez.

Ajoutez au produit distillé :

Teinture d'ambre.. . . . . 30 gram.
Teinture de musc.. 15

Cette recette, imaginée par **M. Bel Isabey**, est aussi longue que coûteuse et très-minime dans son résultat; on peut la mettre à côté des vieilles formules d'orviétan, de thériaque, etc. Nous ne la mentionnons ici que pour faire observer combien il est difficile de connaître l'action réciproque de toutes ces substances les unes sur les autres; en passant par les divers états de dilatation, de fermentation, etc., sans nul doute, les principes de ces substances ont été altérés, neutralisés ou détruits, tandis qu'il serait plus facile d'obtenir l'extrait précité sans avoir recours à tant d'expédients. La nature procède avec plus de simplicité dans ses opérations.

Eau des sultanes.

Teinture de baume de Tolu.	125	gram.
— du Pérou.	125	
— de benjoin.	125	
— de styrax.	125	
— de vanille.	125	
Alcool rectifié.	2	litres.

Agitez pour opérer la dissolution et le mélange, puis ajoutez :

Teinture d'ambre et de musc.	15	gram.
Eau spiritueuse de jonquille.	1	litre.
— de jacinthe.	1	
— de réséda.	1	
Teinture d'ambre et de musc.	8	gram.

Après vingt-quatre heures d'infusion, filtrez.

Eau sans pareille.

Essence de citrons.	16	gram.
— de cédrats.	8	
— de bergamote.	10	
Esprit de romarin.	250	
Teinture d'ambre.	8	
Alcool rectifié.	2	litres.

Distillez au bain-marie. La distillation produit un

mélange plus intime de toutes ces odeurs que la simple infusion.

Eau impériale.

Dans quatre litres d'alcool rectifié, mettez en infusion :

Fleurs de violettes fraîches et mondées. . .	125 gram.
— de jacinthe.	125
— de jonquilles..	125
Roses musquées.	125
Tubéreuses.	50
Racines d'iris pulvérisées..	60
Muscades concassées..	25
Clous de girofles concassés.	25
Santal citrin id.	50

Après huit jours de macération, ajoutez :

Essence de Portugal..	15 gram.
— de bergamotes.	15
— de limettes..	15
Teinture d'ambre et de musc.	8

Distillez le tout au bain-marie, et retirez seulement trois litres de produit. Le reste de la distillation sera conservé pour des odeurs moins fines.

Aux trois litres de produit, ajoutez :

Eau de jasmin..	125 gram.
Eau de fleurs d'oranger..	125

Conservez dans des flacons bien bouchés.

Ce parfum est un des plus suaves que fabrique la parfumerie.

Essence royale

ALCOOLÉ D'AMBRE.

Ambre gris.	2,5
Musc..	1,2
Civette.	0,5
Essence de roses.	0,2
— de cannelle..	0,2
— de bois de Rhodes.	0,2
— de fleurs d'oranger..	0,5
Carbonate de potasse..	0,6
Alcool à 90°..	86,0

Agitez et filtrez. Parfum pour le mouchoir.

Eau de la duchesse.

Dans deux litres d'alcool à 33°, mettez :

Cannelle concassée.	30 gram.
Girofles id..	30
Sandal citrin id..	30
Résine de benjoin de Siam..	20
Ambrette concassée.	20

Laissez digérer pendant quinze jours, en ayant soin d'agiter chaque jour. Passez le tout à travers une étamine, puis ajoutez au liquide tamisé :

Esprit d'œillet.	125 gram.
— de violettes..	125
— de bergamote.	125
— de jasmin.	125
— de roses..	125
Teinture d'ambre et de musc.	8

Filtrez plusieurs fois et conservez dans des flacons hermétiquement bouchés.

Eau ambrée.

Alcool.	1 litre.
Esprit d'ambrette.	1
Teinture d'ambre.	30 gram.
— de musc.	15
Eau de fleurs d'oranger.	250

Laissez en contact quelques heures et filtrez.

Eau d'héliotrope composée.

Teinture de vanille.	500 gram.
— de baume du Pérou.	250
Esprit de roses.	500
— de jasmin.	500
— de tubéreuse.	250
— de fleurs d'oranger..	250
Essence d'ambre et de musc..	8

Agitez vivement ce mélange; laissez infuser pendant quelques heures et filtrez.

Eau à la frangipane.

Alcool.	2 litres.
Extrait de jasmin.	1
Eau spiritueuse de roses.	125 gram.
Esprit de cassie..	125
Essence de bergamote.	50
— de vanille..	50
Teinture de Tolu.	30
— du Pérou.	30
— de safran.	50
— d'ambre et de musc.	8

Laissez pendant quelques heures infuser ces divers parfums, agitez souvent, puis filtrez.

Eau d'Aspasie.

Extrait de jasmin.	250 gram.
— de jonquille.	250
— de fleurs d'oranger.	250
— de violettes.	250
— de tubéreuses.	250
Teinture de baume du Pérou.	15
— — de Tolu.	15
— d'ambre et de musc.	15

Mélangez en agitant fortement, laissez reposer pendant quelques heures, puis filtrez.

Eau de Laïs de Corinthe.

Eau de Cologne.	100 gram.
— de jasmin.	50
— de tubéreuse.	50
— de nard indien.	50
— de souchet long.	50
— de roseau odorant.	50
— de mélisse.	50
— de citron.	50
Teinture de benjoin.	30
— de vanille.	50
— d'ambre musqué.	15

Agitez dans une bouteille ces divers parfums, laissez reposer pendant quelques heures, puis filtrez (1).

(1) Voyez l'intéressant ouvrage du même auteur, intitulé *Laïs de Corinthe*, ou les mœurs galantes de l'antiquité. Chez Dentu, libraire, à Paris.

PARFUMS POUR LES PATES ET POMMADES.

Parfum amer à la rose.

Essence d'amandes amères.	2 parties.
— de bergamote.	8
— de girofle..	1
— de géranium..	5

Mêlez en agitant.

Ce parfum est très-suave dans les savons et pâtes pour les mains.

Parfum d'œillet.

Alcool.	1 litre.
Extrait de violette..	125 gram.
Essence de girofle..	8
Teinture de benjoin.	15
— d'ambre..	4

Après parfait mélange, ajoutez :

Eau de roses.	50 gram.
Eau de fleurs d'oranger..	50

Filtrez à plusieurs reprises.

Parfum de violettes.

Alcool.	1 litre.
Iris de Florence en poudre..	500 gram.
Cassie en fleur ou en extrait.	250

Laissez infuser pendant quarante jours ; filtrez et ajoutez :

Extrait de jasmin.	50 gram.

Parfum d'orange.

Alcool..	1 litre.
Essence de Portugal.	15 gram.
— de bergamote.	8
Teinture d'ambre. . . . . ⸍ . . .	4
Extrait de fleurs d'oranger.	250

Agitez pour opérer le mélange.

Parfum à la verveine,

Alcool..	250 gram.
Essence de verveine.	15
— de bergamote.	8
Esprit de citronnelle.	15

Agitez pour opérer le mélange.

Eau de Mélisse

SUPÉRIEURE A CELLE DES CARMES.

Mélisse fraîche en fleurs..	750 gram.
Zestes frais de citron..	125
Cannelle fine..	60
Girofles.	60
Muscades.	60
Coriandre.	60
Racines d'angélique.	30
Eau de menthe..	30

Divisez ces substances et faites-les macérer pendant quatre à cinq jours dans :

Alcool.	4 litres,

puis distillez toute la partie spiritueuse.

Eau styptique de myrte.

Alcool.	500 gram.
Essence de myrte..	8
Acide tannique.	15
Teinture de cachou.	30
Eau de lavande ambrée.	500

Agitez vivement pour opérer le mélange; laissez reposer pendant quelques heures, puis filtrez.

Une cuillerée à café de cette teinture dans un grand verre d'eau suffit pour laver les parties qu'on veut resserrer.

Parfum de plaisir.

Citronnelle,	Marjolaine,	Origan,
Basilic,	Mélilot,	Romarin,
Hysope,	Mélisse,	Thym,
Iris concassé,	Menthe,	Feuilles de roses.
Lavande,		

De toutes ces plantes deux bonnes poignées. Mettez dans la cucurbite que vous remplirez aux deux tiers d'eau, et distillez en ménageant le feu. — Versez le produit de votre distillation dans un vase en verre ou en porcelaine et laissez-le jusqu'au lendemain. Alors séparez l'huile essentielle de l'eau, et mettez-la dissoudre dans deux ou trois litres d'alcool rectifié, selon la quantité d'huile essentielle que vous aurez obtenue. Versez cet alcoolat aromatique dans l'alambic et recommencez la distillation au bain-marie.

Le produit que vous obtiendrez sera suave et *nervo-*

phile, c'est pour cela qu'on lui a donné le nom de parfum de plaisir.

Eau de Luce

ALCOOLÉ AMMONIACAL SUCCINÉ.

Huile de succin rectifié.	15 gram.
Baume de la Mecque.	2
Savon blanc..	2
Alcool à 35°..	500
Essence de lavande.	15 gouttes.

Faites dissoudre le baume et l'essence dans l'alcool; ajoutez le savon râpé et laissez digérer pendant dix jours. Au bout de ce temps filtrez, et ajoutez au produit filtré.

Ammoniaque liquide.	250 gram.

Agitez fortement pour favoriser le mélange et mettez en flacons que vous boucherez hermétiquement.

L'eau de Luce possède une foule de vertus qui la rendent très-précieuse. On la dit souveraine contre les migraines, les défaillances, les syncopes et les vapeurs. On en frotte les tempes et on la fait respirer aux personnes évanouies qui ne tardent pas à reprendre connaissance. Prise à l'intérieur, à la dose de quelques gouttes, dans un verre d'eau sucrée, elle pousse à la peau et devient un bon sudorifique. On l'emploie aussi, avec succès, contre les piqûres de cousins, d'abeilles, de scorpions et autres insectes venimeux.

CHAPITRE X

DES VINAIGRES DE TOILETTE.

Tous les vinaigres de toilette, sans en excepter le fameux vinaigre de Bully, sont nuisibles au velouté de la peau, et doivent être rejetés de la toilette cutanée. Ces vinaigres, qui ont fait longtemps fortune parce qu'on ne s'est pas donné la peine d'observer leurs tristes effets sur la peau, sont, tout bonnement, une solution alcoolique de résines avec addition d'acide acétique. Les médecins, physiologistes et hygiénistes sont d'accord sur ce point, que les vinaigres de toilette durcissent l'épiderme, le rendent luisant et le prédisposent aux gerçures. Si nous donnons les formules de quelques vinaigres, c'est pour l'usage fumigatoire, dans les appartements, et non pour la toilette. Nous indiquerons plus loin les eaux et laits *dermophiles* qui doivent être substitués à ces vinaigres.

Vinaigre à la lavande.

Fleurs fraîches de lavande.. . . . . 1 kilog.
Vinaigre blanc. . . . . 6 litres.

Faites macérer les fleurs dans le vinaigre pendant quinze jours; puis distillez dans une cucurbite de grès.

Ajoutez au produit distillé :

Teinture de benjoin.. . . . . 500 gram.

et redistillez de nouveau.

Vinaigre à la rose.

Roses pâles..	2 kilog.
Vinaigre blanc.	4 litres.
Bois de Rhodes concassé.	250 gram.
Teinture de benjoin.	250

Faites macérer pendant quinze jours, puis distillez au bain-marie.

On prépare de la même manière tous les vinaigres aromatiques ; et le parfumeur y ajoute, à son gré, de l'ambre, du musc et autres parfums.

Vinaigre détersif.

Oignons de Narcisse écrasés..	6
Graine d'ortie pulvérisée.	30 gram.
Vinaigre.	1 litre.

Faites macérer pendant trois jours, exprimez le tout dans un linge et filtrez.

Employé pour cautériser légèrement les boutons du visage.

Vinaigre antiseptique, dit des quatre voleurs.

Sommités sèches d'absinthe..	50 gram.
— de romarin.	50
— de sauge.	50

Sommités sèches de menthe.. . . . . 50 gram.
— de rue. 50
Fleurs de lavande sèches. 65
Ail. 8
Racines d'acorus. 8
Cannelle fine.. 8
Girofles.. 8
Muscades. 8
Vinaigre rouge.. . . . . 4 kilog.
Camphre dissous dans l'alcool. . . . . . . 16 gram.

Toutes ces substances doivent être concassées et mises macérer pendant quinze jours au soleil. Coulez ensuite avec expression et distillez. Ajoutez l'alcool camphré au produit distillé et conservez dans des bouteilles bien bouchées.

Vinaigre aromatique du Régent.

Alcool à 35º. . . . . 1,000 gram.
Eau de mélisse. 500
Eau de Cologne. 500
Teinture de baume de Tolu. 100
— de benjoin. 50
— d'ambre musqué.. 15
Essence de lavande. 50
— de girofle.. 5
— de cannelle. 5

Après avoir fait dissoudre les essences dans l'accool, laissez infuser pendant quelques heures et ajoutez :

Acide acétique.. . . . . 100 gram.

Et si vous désirez que l'odeur de vinaigre soit plus dominante, forcez la dose d'acide acétique.

Donnez la couleur avec de l'orseille, puis filtrez jusqu'à ce que la liqueur soit parfaitement claire.

Vinaigre de Bully.

BREVET EXPIRÉ.

Ce vinaigre n'est pour ainsi dire que la copie du précédent, l'inventeur l'avait, sans doute, puisé dans une pharmacopée.

Eau..	7,000 gram.
Alcool..	5,500
Essence de bergamote..	50
— de citron.	50
— de Portugal.	12
— de romarin.	25
— de lavande.	4
— de néroli.	4
Alcool de mélisse.	500

Laissez infuser pendant vingt-quatre heures, et ajoutez :

Teinture de benjoin.	60 gram.
— de Tolu.	60
— de storax..	60
— de girofle..	60

Agitez et ajoutez de nouveau :

Vinaigre distillé..	2,000 gram.
Acide acétique.	90

Filtrez.

NOTA. Nous ferons observer ici, relativement aux prospectus où le patronage des célébrités médicales est mis en jeu, que c'est une amorce à laquelle il ne faut pas se laisser prendre. Il n'est pas d'étudiant en médecine qui ne sache que les acides durcissent l'épiderme et nuisent au velouté de la peau. Les dames, qui tiennent tant à conserver leur fraîcheur, devraient donc proscrire les vinaigres de leur toilette et les remplacer par des eaux aromatiques exemptes d'acides.

CHAPITRE XI

LECTURE FORT CURIEUSE ET DES PLUS PROFITABLES.

Une grande affaire en parfumerie, disait un parfumeur intelligent, c'est de trouver un nom, une épithète qui produise de l'effet, qui frappe, qui saisisse; quant à la composition des parfums, ajoutait-il, c'est chose très-facile, attendu que tous nos produits odorants ont toujours les mêmes ingrédients pour base.

En effet, si le lecteur examine avec attention les divers ingrédients servant à fabriquer les pommades et eaux de toilette, il se convaincra que c'est toujours la même composition; les différences n'existent que dans les doses et la substitution d'un parfum à un autre. Le savoir-faire du plus grand nombre des parfumeurs se trouverait donc dans le nom et l'épithète qu'ils donnent à leurs parfums.

Afin d'initier le lecteur à toutes ces petites ruses du métier, nous relèverons ici les formules de diverses pommades et eaux de senteurs *brevetées* et décorées de titres plus ou moins pompeux, souvent bizarres et quelquefois absurdes. Après s'être convaincu par ses yeux de la conformité de leur composition, le lecteur, sans doute, ne se laissera plus prendre aux oripeaux de l'étiquette.

Pommade d'amour.

Blanc de baleine,
Cire vierge,
Huile d'amandes,
Eau de roses,
Carmin.

Pommade des Grâces.

Axonge,
Cire blanche,
Miel blanc,
Huile d'amandes.

Pommade d'Hébé.

Blanc de baleine,
Cire vierge,
Huile d'amandes,
Miel de Narbonne,
Suc de lis.

Pommade divine de Vénus.

Axonge,
Cire blanche,
Miel blanc,
Baume du Pérou.

Crème de Psyché.

Cire blanche,
Blanc de baleine,
Huile d'amandes,
Baume du Pérou,
Sous-acétate de plomb (pernicieux).

Pommade mexicaine.

Axonge,
Beurre de cacao,
Baume du Pérou,

Huile d'amandes,
Huile de noisette (siccative et mauvaise pour les cheveux).

Cosmétique du Bengale,

Blanc de baleine,
Axonge,

Cire,
Huile d'amandes.

Pommade parachute.

Axonge,
Blanc de baleine,
Corps de bœuf,

Huile de noisette.
Infusion de buis.

Pommade de l'enchanteur

DONNÉE A NINON DE LENCLOS.

Axonge,
Cire vierge,
Huile de noisette,

Décoction de buis,
Poudre de cloportes.

Nous avons supprimé, pour être plus concis, les essences et teintures diverses servant à parfumer ces pommades.

Lecteurs, retenez bien ceci : — Lorsqu'un coiffeur voudra vous laver la tête à l'*eau athénienne*, vous pommader à l'*huile extra-fine de noisettes*, vous *bandoliner*, ou enfin, vous vendre quelques *parachutes toniques*, *héroïques*, etc., dont les affiches barbouillent les murs, refusez opiniâtrément; car, l'eau athénienne n'est que de l'alcool coupé d'eau et additionné d'un sel de magnésie, de soude au autres, dont l'action peut être nuisible à vos cheveux. L'huile de noisette, comme celle de noix et de lin, sont des huiles siccatives qui poissent et forment crasse sur la tête. La bandoline n'est autre chose qu'une solution de gomme adragante qui colle les cheveux, et, après dessiccation, les laisse couverts de poussière. Quant aux produits héroïques, vous devez bien savoir qu'ils se trouvent dans les pharmacies et non dans la boutique des industriels qui n'ont point fait d'études pour obtenir un diplôme. — Ceci admis, passons aux eaux de senteur.

Esprit de Cythérée.

Esprit de violette,
— de jasmin,
— de tubéreuse,
— d'œillet,

Esprit de roses,
— de Portugal,
Eau de fleurs d'oranger.

Parfum des rois.

Esprit de violette,
— de roses,
— d'œillet,

Eau de fleurs d'oranger,
Teinture de benjoin,
— de storax.

Parfum des reines.

Essence de géranium,
— de lavande,
— de Portugal.
— de néroli,
— de thym,

Essence de vanille,
— de menthe,
— de girofle,
— de benjoin,
— d'ambre musqué,

Eau de la charmante Flore.

Esprit de roses,	Esprit de bergamote,
— de jasmin,	Néroli,
— de tubéreuse,	Baume du Pérou,
— de Portugal,	— de Tolu.

Eau de la reine de Chypre.

Eau de jasmin.	Eau de roses,
— de bergamote,	Baume du Pérou,
— de tubéreuse,	— de Tolu,
— d'ambrette,	Ambre musqué.

Eau triple des fleurs d'Orient.

Esprit de jasmin,	Esprit de fleurs d'oranger.
— de cassie,	— de citron,
— de violette,	— de Portugal,
— de roses,	Essence d'ambre.

Il serait fastidieux de continuer les mêmes répétitions; nous nous contenterons d'annoncer les titres de plusieurs autres eaux de composition analogue.

Rosée du printemps. — Eau printanière. — Eau des belles. — Larmes de l'aurore. — Eau d'ambroisie. — Eau des bayadères. — Eau d'élégance. — Eau florale. — Parfum des nymphes. — Parfum des salons. — Parfum du Parnasse. — Eau des Muses. — Eau de la Sainte-Alliance. — Esprit et crème suaves du Liban. — Essence des Incas. — Eau des vierges de Samos, etc.

En face de pauvretés semblables, le lecteur jugera.

Nous cédons au désir de publier le fait suivant, afin de produire au grand jour l'ignorance de ces *parfu-*

meurs marrons qui, au moyen des journaux, exploitent la crédulité publique.

Deux jeunes gens fort gais, se promenant dans un des beaux quartiers de Paris, lurent sur une coquette enseigne ces mots gravés en lettres d'or :

Parfumerie Antro-hygiénique.

Quoique possédant bien leurs racines grecques, ils se creusèrent vainement la tête pour trouver un sens à cette inscription. Résolus de connaître le mot de l'énigme, ils entrèrent dans le magasin et, se faisant passer pour les commis de l'*Almanach du Commerce*, prièrent le patron de leur donner l'explication du mot composé *antro-hygiénique*, afin de l'insérer dans leur livre des cent mille adresses. — Le chef de l'établissement proféra gravement ces paroles : — Messieurs, ma parfumerie est le *nec plus ultrà* de l'hygiène; mais, n'ayant pu l'intituler *Parfumerie hygiénique*, parce que le titre est déjà pris, j'ai dû lui donner le nom que vous avez lu et qui signifie, en *langue grecque morte*, Parfumerie hygiénique *pour hommes.*

—Pardon, monsieur, répliquèrent les jeunes gens, nous pensions que le mot *homme* se traduisait en *grec mort* par celui d'*anthropos*. — Non, messieurs, c'est *antropo*, répondit l'industriel avec suffisance; mais comme ce mot était trop long et peu flatteur à l'oreille, j'ai eu l'heureuse idée de conserver le TRO et de supprimer le PO... et voilà!

Après un fait de cette force, nous demandons à nos

lecteurs quel degré de confiance, en hygiène, peuvent offrir de semblables industriels?

CHAPITRE XII

SECTION I

DES LAITS VIRGINAUX.

Toutes ces liqueurs sont plus ou moins nuisibles à la fraîcheur de la peau, à cause des sels de plomb ou des résines qui entrent dans leur composition.

Lait virginal aromatique.

Benjoin..	250 gram.
Storax..	125
Souchet.	30
Cannelle.	30
Noix muscades..	20
Ambrette..	40
Teinture de musc.	8

Concassez toutes ces substances et mettez-les macérer pendant quinze jours, dans :

Alcool à 36°.	4 litres.

Agitez chaque jour, puis filtrez.

Quelques gouttes de cet alcoolat versées dans un verre d'eau rendent le liquide lacté, parce que, l'eau ne pouvant dissoudre ni les résines ni les huiles essentielles, elles y restent en suspension, à l'état de nuage blanc.

Autre lait virginal.

Le sous-acétate de plomb liquide, ou vinaigre de Saturne aromatisé, est fréquemment vendu comme lait virginal ; il blanchit parfaitement l'eau, mais il dessèche et plombe la peau. La police sanitaire des villes devrait défendre la vente de semblables cosmétiques.

Lait virginal, dit merveilleux

MIEUX EUT VALU DIRE DANGEREUX. — COMPOSÉ DE DEUX FLACONS.

Premier flacon.

Litharge en poudre.. . . . . 125 gram.
Vinaigre blanc.. 500

Faites bouillir dans une terrine vernissée, jusqu'à diminution du tiers. Laissez reposer et versez l'eau qui surnage sans troubler le dépôt ; mettez cette eau plombique dans un flacon.

Deuxième flacon.

Sel marin pulvérisé., ... 60 gram.
Eau distillée de roses.. 500

Faites fondre le sel dans l'eau et filtrez. Mettez cette eau filtrée dans le second flacon.

Versez dans un verre deux cuillerées du numéro 1,

puis une cuillerée du numéro **2**, et vous aurez une eau très-blanche qui, en se déposant, formera un blanc très-beau.

La police sanitaire, nous le répétons, devrait défendre la vente de ces *laits* et *blancs* merveilleux, dont le plomb forme la base; car ils peuvent causer de graves accidents lorsqu'on en fait souvent usage.

Lait d'amandes.

Amandes douces mondées.	500 gram.
— amères..	60

Pilez dans un mortier de marbre jusqu'à ce que tout soit parfaitement écrasé.

D'un autre côté, faites fondre dans un poêlon de faïence ou de porcelaine et au bain-marie :

Blanc de baleine.	50 gram.
Cire vierge.	15
Huile d'amandes.	50
Savon blanc raclé.	50

Le tout étant fondu, retirez du mortier les trois quarts de vos amandes; versez sur le reste le contenu de votre poêlon et triturez vivement, sans relâche, pour bien incorporer. Reversez ensuite, par petites portions, le reste de vos amandes, et triturez toujours. Enfin, lorsque votre masse formera une pâte homogène, vous verserez peu à peu en l'agitant :

Eau de roses.	2 litres.
Esprit de roses.	300 gram.

Vous obtiendrez alors un liquide laiteux, émulsif, que vous continuerez à délayer pendant quelque temps. Passez ensuite, avec expression à travers une forte étamine et mettez en flacons. On peut donner plus de parfum à cette émulsion en y ajoutant quelques grammes d'essence de roses.

Ce cosmétique est excellent pour la peau; mais la longueur de sa préparation et son peu de durée l'ont fait abandonner des parfumeurs.

Lait de concombres.

Procédez comme pour le lait d'amandes précédent; mais au lieu d'eau de roses, versez dans le mortier : deux litres de jus de concombres et trois cents grammes d'alcool rectifié avec lesquels vous délayerez vos amandes. Passez ensuite à travers une étamine.

Très-bon pour rafraîchir et adoucir la peau.

Nous donnerons au chapitre PRODUITS NOUVEAUX la formule d'un lait virginal sans résines ni sels de plomb.

SECTION II

DES LOTIONS.

Lotion cosmétique d'Alibert.

Eau de roses..	1,000 gram.
Savon amygdalin.	12
Pommade aux concombres.	90

Divisez le savon à l'aide de la pommade, puis ajoutez peu à peu l'eau.

On peut varier l'odeur de cette lotion en remplaçant
l'eau de rose, par une autre eau aromatique.

Bonne pour la peau.

Eau cosmétique

POUR LE TEINT.

Amandes amères..	300 gram.
Eau.	2,400

Distillez pour obtenir quinze cents grammes de produits et ajoutez :

Eau spiritueuse de roses.	1,000 gram.
Eau de miel odorante.	2,000

Une cuillerée dans un demi-verre d'eau.

On trempe le bout d'une serviette dans cette eau et
l'on s'en lave le visage. Embellit le teint.

Lotion de Gowland.

Amandes amères..	90 gram.
Eau filtrée.	500
Sublimé corrosif..	0,8 centig.
Sel ammoniac..	8 gram.
Alcool..	15
Eau de laurier-cerise.	15

Pilez avec l'eau filtrée les amandes et passez. D'un
autre côté, faites dissoudre les sels dans l'eau de laurier-cerise et l'alcool. Mêlez ensuite les deux liqueurs.

Cette lotion jouit depuis fort longtemps d'une grande réputation en Angleterre comme cosmétique. La manière de s'en servir est d'agiter le flacon, d'imbiber un linge de la liqueur et de l'appliquer sur la partie affectée. C'est particulièrement dans les cas de boutons à la peau, d'eczéma et de dartres légères qu'elle réussit.

Lotion contre les taches de rousseur.

Borate de soude.	2 décig.
Eau de roses.	20 gram.
Eau de fleurs d'oranger.	20

Nous ferons observer que la tache de rousseur est indécolorable et que tous les agents dirigés contre elle ne font qu'altérer la peau sans atteindre la tache. Cependant la teinture d'iode, préparée d'une certaine manière, attaquerait le *lentigo* et se combinerait avec la tache. Voyez, pour les détails, l'*Hygiène du visage et de la peau*, ouvrage des plus utiles aux dames.

Lotion sulfurée ammoniacale

CONTRE LES DARTRES.

Sulfure de potassium concentré.	50 gram.
Sulfhydrate d'ammoniaque.	2

Mélangez les deux liqueurs; touchez les dartres et les éphélides avec un petit pinceau trempé dans cette solution.

Lotion astringente

POUR RESSERRER LES PARTIES.

Eau de plantain. . . . . 150 gram.
Tannin..   5
Teinture aromatique.   25

Broyez le tannin en l'humectant peu à peu avec la teinture aromatique, versez ensuite l'eau peu à peu, et, quand tout est dissous, passez à travers un linge serré.

Autre lotion astringente.

Sulfate de zinc.. . . . .   4 gram.
Sulfate d'alumine..   4
Eau de plantain. 500

Broyez comme précédemment; ajoutez l'eau et passez.

Lotion cosmétique.

Amandes amères.. . . . . 500 gram.
Eau. . . . .   2 litres.

Distillez au bain-marie pour obtenir un litre seulement, puis ajoutez :

Eau de miel odorante... . . . . 250 gram.
Vinaigre rosat..   500

Aromatisez avec :

Essence de bergamote. . . . .   15 gram.
Teinture de Tolu..   10

On met une cuillerée à bouche de cette liqueur dans un verre d'eau et l'on s'en lave le visage.

Autre lotion cosmétique.

Savon animal.	15 gram.
Pommade aux concombres.	100
Eau de laurier-cerise.	1 litre.

Triturez et délayez le savon avez la pommade ; ajoutez peu à peu l'eau de laurier-cerise, et délayez jusqu'à ce que vous ayez un liquide sans grumeaux.

Ce cosmétique, attribué au docteur Alibert, est très-bon pour donner de l'éclat au teint et de la douceur à la peau.

CHAPITRE XIII

DES EAUX, DES OPIATS ET POUDRES DENTIFRICES.

Eau dentifrice, dite de Botot

Clous de girofles concassés.	8 gram.
Cannelle id.	8
Anis id.	50
Cochenille.	10
Eau-de-vie.	875

Faites macérer pendant quinze jours ; filtrez et ajoutez :

Essence de menthe.	5 gram.

Eau dentifrice d'O'Méara.

Vétyver.	4 gram.
Pyrèthre.	15
Girofle..	3 décig.
Iris.	6
Coriandre..	6
Orcanette..	6
Essence de menthe.	12 gout.
— de bergamote.	6
Alcool à 90°..	60 gram.

Faites macérer pendant huit jours et filtrez.

Eau dentifrice de Delabarre.

Alcool.	125 gram.
Essence de menthe.	20 gout.
— de roses..	8
Cochenille.	5 décig.
Crème de tartre.	6

Filtrez après trois jours de macération.

Tous ces dentifrices sont défectueux. Voyez la meilleure formule aux *Produits nouveaux*.

Eau balsamique de Jackson

DITE RINCE-BOUCHE.

Zestes d'oranges.	50 gram.
— de citrons.	60
Écorces de grenades..	50
Racines d'angélique..	60
Gaïac.	150
Pyrèthre.	180
Benjoin..	60

Tolu.. . . . . 50 gram.
Girofle. 50
Cannelle. 15
Vanille.. 15
Myrrhe.. 15
Alcool. . . . . 2 litres.

Faites macérer pendant huit jours et distillez au bain-marie; ajoutez au produit distillé :

Alcool de cochléaria.. . . . . 500 gram.
Essence de menthe. 25

Teinture dentifrice

DE GREENOUG (PATENTÉ ANGLAIS).

Amandes amères. . . . . 60 gram.
Bois de Brésil. 15
Bourgeons de sapin. 15
Iris de Florence. 8
Cochenille.. 4
Sel d'oseille.. 4
Alcool. 1,000

Faites macérer pendant quinze jours toutes ces substances dans l'alcool, filtrez et ajoutez :

Esprit de cochléaria.. . . . . 50 gram.
Essence de menthe. 15

Teinture dentifrice de pyrèthre.

Cannelle. . . . . 10 gram.
Coriandre.. 10
Cochenille.. 2
Girofle. 5
Macis. 5
Sel ammoniac.. 1
Alcoolat de pyrèthre. . . . . 1 lit. 1/2.

Faites macérer pendant quinze jours et filtrez ; ajoutez au produit filtré :

Essence de menthe..	6 gram.
— de citron.	3
— de thym.	2
— d'anis.	4
— de lavande.	2
Teinture d'ambre.	2

Agitez pour opérer le mélange ; laissez en contact
quelques heures, et filtrez.

Elixir anti-ondontalgique.

Alcool..	50 gram.
Camphre..	4 décig.
Opium..	15 centig.
Esprit de pyrèthre..	15 gram.

Agitez pour opérer le mélange, et filtrez. Pour cal-
mer la douleur dentaire, on met une goutte de cet
élixir dans la dent gâtée, soit à l'aide d'un cure-dent,
soit à l'aide d'une boulette de coton.

DES POUDRES DENTIFRICES

Deux conditions sont indispensables pour qu'une
poudre dentifrice soit efficace :

1° Qu'elle ne contienne aucun acide, aucun corps
dur capable de ramollir ou d'user l'émail ;

2° Qu'elle soit composée de substances toniques ab-
sorbantes et propres à po'ir l'émail sans l'user.

Poudre de Delestre.

CHIRURGIEN DENTISTE

Magnésie anglaise.	12 gram.
Quinquina gris.	12
Poudre de rathania.	2
— de tabac.	2
— de pyrèthre.	65 centig.
— d'alun calciné.	65
Suie floconneuse.	25

Porphyrisez, passez au tamis fin et aromatisez avec essence de menthe.

Poudre dentifrice de Mialhe.

Sucre de lait pulvérisé.	400 gram.
Tannin pur.	6
Laque carminée.	4
Essence de menthe anglaise.	8
— d'anis.	8
— de fleurs d'oranger.	4

Mêlez exactement selon l'art.

Poudre dentifrice au charbon.

Poudre de charbon végétal porphyrisé.	50 gram.
Poudre impalpable de quinquina gris.	50
Carbonate de magnésie.	8

Mêlez exactement et aromatisez avec quelques gouttes d'essence de menthe, de citron, de girofle, ou de toute autre essence de votre choix. Cette poudre est une des meilleures dont on puisse faire usage.

Autre poudre dentifrice.

Magnésie calcinée.	15 grammes.
Sulfate de quinine.	0,5 décigrammes.
Carmin en liqueur.	quant. suffisante.
Essence de menthe.	4 gouttes.

Dentifrice de Toirac.

Carbonate de chaux.	4 grammes.
Magnésie.	8
Sucre pulvérisé.	4
Tartrate acide de potasse.	1
Essence de menthe.	quant. suffisante.

Voyez aux *Produits nouveaux* la meilleure de toutes les poudres dentifrices.

DES OPIATS DENTIFRICES

L'usage des opiats est le même que celui des poudres qui leur sert de base ; ils ne diffèrent des premières que par l'addition de miel ou de sirop.

MANIÈRE DE LES PRÉPARER.

Faites fondre une livre de bon miel, que vous aurez soin d'écumer ; ajoutez deux cents grammes de sirop de sucre ; remuez bien pour opérer le mélange, et versez dans un mortier de marbre où se trouvent vos substances et poudres dentifrices ; broyez jusqu'à incorporation parfaite et disparition de tous grumeaux ;

ajoutez, pour aromatiser : essence de cannelle, de girofle, de menthe, etc. Lorsque vous aurez obtenu une
pâte demi-liquide, bien liée, versez dans des pots et
bouchez.

Opiat dentifrice rouge des pharmaciens.

Corail..	125 gram.
Os de sèche.	50
Crème de tartre..	60
Cochenille...	50
Alun.	2
Miel blanc..	500

Broyez la cochenille avec l'alun et un peu d'eau ;
ajoutez le miel, puis les autres substances ; enfin, aromatisez avec essence de menthe.

L'opiat dentifrice portant le nom de *odontine Pel-
letier* est composé, d'après le chimiste Foy, de :

> Beurre de cacao,
> Carbonate de magnésie,
> Terre alumineuse,

essences et autres substances en proportions indétermi-
nées.

Opiat blanc.

Miel blanc..	250 gram.
Iris en poudre impalpable.	150
Sel ammoniac..	50
Crème de tartre..	50
Sirop de menthe poivrée.	50

Triturez dans un mortier de marbre, en ajoutant :

Teinture de cannelle.	8 gram.
— de girofle..	8
— de vanille..	8
Essence de girofle.	2

Nous terminerons sur les dentifrices en faisant observer que chaque médecin, chaque dentiste, pharmacien, parfumeur, etc., possède une eau, une poudre qui n'a point d'égale; chacun vante la sienne et désapprécie celle des autres. Dans ce conflit général d'opinions presque toujours intéressées, nous conseillons au lecteur de ne jamais faire usage de dentifrices dont il ignore la composition; car les préparations qui contiennent des acides et des alcalis sont des plus nuisibles à la santé des dents et les détruisent en peu de temps. La meilleure de toutes les poudres est celle de charbon unie au quinquina. Voyez la formule aux *Produits nouveaux*.

CHAPITRE XIV

DES PATES COSMÉTIQUES, POUDRES, TROCHISQUES, SACHETS D'ODEURS, ETC.

Pâte d'amandes pour les mains.

Farine d'amandes.	350 gram.
— de riz..	125
Poudre d'iris.	125

Solution de soude.	100 gram.
Blanc de baleine..	50
Huile d'amandes.	160
Eau de roses.	160

Faites fondre le blanc de baleine dans l'huile; battez de manière à faire un cold-cream très-liquide, en y ajoutant autant d'eau de roses qu'il peut en absorber. Alors versez par petite portion, dans un mortier de marbre, vos farines et votre poudre, et triturez, en les humectant de temps à autre avec votre eau de roses et votre solution de soude. Lorsque le tout est bien délayé, ajoutez :

Essence de lavande.	2 gram.
— de girofle..	2
— de bois de Rhodes.	4

Rebattez de nouveau jusqu'à ce que vous ayez obtenu une pâte bien liée.

Pâte dite Amandine Faguer.

Miel..	180 gram.
Savon blanc de potasse.	90
Huile d'amandes..	1,000
Lait de pistaches..	125
5 jaunes d'œuf (5).	

Faites fondre le savon avec l'huile et le miel, en remuant sans cesse; coulez dans un mortier et battez en versant peu à peu le lait de pistaches à l'eau de roses. Lorsque la masse forme une pâte demi-liquide bien liée, ajoutez :

Essence d'amandes amères.	2 gram.

Et rebattez de nouveau jusqu'à parfaite incorporation.

Pâte à la vanille.

Farine d'amandes.	500 gram.
Teinture de vanille.	5
— du Pérou.	2
— de Tolu.	2
6 jaunes d'œufs battus dans : Eau de roses..	250

Délayez la farine d'amandes avec l'eau de roses et les jaunes d'œufs ; incorporez vos teintures en triturant toujours ; ajoutez un peu d'eau de roses si votre pâte est trop épaisse, et, en dernier lieu, versez 25 grammes de teinture de vanille ambrée ; rebattez vivement le tout jusqu'à ce que vous ayez obtenu une pâte bien liée.

Pâte d'amandes au miel.

Farine d'amandes amères..	180 gram.
Huile d'amandes amères.	100
Miel ordinaire.	360
8 jaunes d'œufs frais (8).	
Sous-carbonate de soude dissous dans : Eau	
de roses..	30

Triturez et délayez la farine, l'huile et le miel dans un mortier de marbre. Avant d'ajouter les jaunes d'œufs, battez-les avec quelques cuillerées d'huile d'amandes amères ; incorporez-les ensuite à la pâte et battez vivement, de manière à faire disparaître les grumeaux. Ajoutez encore, par petites portions, 50 grammes d'huile amère. Triturez pendant une demi-heure, jusqu'à ce qu'enfin la pâte se détache du mortier et du pilon ; alors l'opération est terminée.

Cette pâte est réputée excellente pour adoucir les mains ; mais nous donnerons, au chapitre *Produits nouveaux*, une formule qui lui est infiniment supérieure.

Pâte aux marrons d'Inde.

Farine de marrons d'Inde.	500 gram.
Huile d'amandes amères.	500
Miel rosat.	400
Savon blanc raclé.	125
12 jaunes d'œufs (12).	

Faites fondre le savon dans suffisante quantité d'eau de roses ; ajoutez le miel et l'huile ; lorsque tout est parfaitement dissous, coulez dans un mortier, puis projetez, par petite quantité, la farine de marrons ; triturez et jetez toujours de petites quantités de farine, de manière à éviter les grumeaux ; enfin, lorsque votre pâte sera bien battue et bien liée, aromatisez-la avec un parfum de votre choix.

Pâte transparente.

Amidon.	150 gram.
Huile de ricin.	200
Savon de potasse.	200
Alcool.	400

Cette pâte a l'aspect d'une gelée. On peut lui donner diverses couleurs plus ou moins agréables aux yeux.

9.

Nous la signalons, néanmoins, comme nuisible à la douceur de la peau, à cause de la grande proportion d'alcool qu'elle contient. Il existe dans la parfumerie une grande variété de ces pâtes, qui contiennent à peu près les mêmes ingrédients et sont fabriquées de la même manière, la dénomination seule est différente. Voyez au chapitre *Produits nouveaux* la reine des pâtes.

Pâte de fraises pour le teint.

PRÉPARATION EXTEMPORANÉE.

Fraises fraîches.	125 gram.
Gomme adragante.	5
Poudre de violettes.	25

Faites d'abord dissoudre la gomme adragante dans de l'eau distillée de manière à obtenir un mucilage. — Écrasez les fraises dans un mortier, jetez-y la poudre de violettes et battez pour opérer le mélange; versez ensuite peu à peu le mucilage, et triturez jusqu'à ce que vous ayez obtenu une pâte demi-liquide et bien liée.

On applique le soir cette pâte sur le visage, et le lendemain on l'enlève avec de l'eau tiède de cerfeuil.

DES POUDRES

A l'époque où la mode exigeait que les hommes et les femmes se poudrassent les cheveux, les poudres parfumées étaient un article important de la parfumerie; on en fabriquait à toutes les odeurs, à toutes les fleurs. Aujourd'hui qu'on est revenu à des modes plus naturelles, l'usage des poudres dans la toilette s'est pour ainsi dire perdu, et l'on ne les emploie que dans certaines circonstances.

Poudre absorbante contre les sueurs de la tête.

Farine de féveroles. . . . . 250 gram.
   — de haricots blancs. 250
Poudre de staphisaigre. 100

Opérez leur parfait mélange et saupoudrez-en le cuir chevelu.

Poudre contre la transpiration des pieds et des aisselles.

Carbonate de magnésie. . . . . 100 gram.
Alun calciné en poudre. 30
Iris de Florence légèrement musqué. . . . 100
Poudre de clous de girofle. 1

Mêlez exactement toutes ces poudres. On en saupoudre les parties sujettes à la sueur, ou bien on en remplit des sachets de mousseline, que l'on fixe sur ces mêmes parties.

Poudre des Capucins contre les insectes du cuir chevelu.

Semences de cévadille. . . . . 50 gram.
   — de staphisaigre. 50
   — de persil. 50
Feuilles de tabac. 50

Faites une poudre avec ces substances, et saupoudrez-en le cuir chevelu.

Poudre contre les engelures.

Borate de soude. . . . .   15 gram.
Alun.   12
Benjoin.   8
Moutarde.   60
Iris de Florence.   45
Son de blé.   45
Son d'amandes.   155
Essence de Portugal.   1
   —   de bergamote.   1

Faites une poudre avec toutes ces substances; mettez-en une pincée dans le creux de la main; ajoutez-y quelques gouttes d'eau, et frottez-vous bien avec la pâte qui en résulte.

Poudre pour le teint.

Farine de seigle. . . . .   250 gram.
Poudre de mélilot.   250
Poudre de violettes.   75

Délayez ces poudres avec de l'eau distillée de fleurs de fèves, et formez une pâte en forme de cataplasme, que vous appliquerez toute une nuit sur le visage. — Cette pâte a la propriété d'enlever les rougeurs, chaleurs et boutons, et donne à la peau une remarquable fraîcheur.

Poudre cosmétique pour les mains

(PREMIÈRE).

Farine d'amandes amères. . . . .   500 gram.
Farine de riz.   250
Sel de soude en poudre.   32
Huile essentielle de lavande.   8

Opérez le mélange.

En se lavant les mains avec cette poudre, l'odeur d'amandes amères se développe et laisse à la peau un parfum agréable.

Autre poudre pour les mains

(DEUXIÈME).

Amandes douces mondées..	350 gram.
Amandes amères mondées..	250
Farine de seigle..	250
— de fèves.	500
Savon ambré en poudre..	600
Essence de Portugal.	8

Opérez le mélange, et servez-vous-en comme de la précédente.

Autre poudre cosmétique pour les mains

(TROISIÈME).

Farine de marrons d'Inde.	480 gram.
— d'amandes amères.	560
Iris de Florence..	50
Carbonate de potasse.	7
Essence de bergamote.	4

Autre poudre savonneuse pour les mains

(QUATRIÈME).

Poudre de savon..	360 gram.
Carbonate de potasse.	60
Farine de marrons d'Inde.	720
— d'amandes amères.	250
Essence de citron.	2
— de girofle.	1
— de bergamote.	3
Sucre pulvérisé.	20

Noᴛᴀ. Toutes ces poudres se ressemblent et ne diffèrent que par l'addition ou l'absence d'un ou de plusieurs ingrédients. Les inventeurs de ces poudres n'ont point inventé, ils ont copié.

Poudre fumigatoire.

Encens.	4 gram.
Mastic..	4
Lavande en poudre..	4
Cascarille.	2
Girofle..	2
Cannelle..	1
Benjoin.	5
Myrrhe.	4

Broyez toutes ces substances et passez-les à travers un tamis. On en jette une pincée sur une pelle chaude ou contenant des charbons, pour embaumer et assainir l'air des appartements.

Autre poudre fumigatoire et pour sachets

DITE PARFUM DU PRINCE KOURAKIN.

Musc.	0,1 décig.
Benjoin..	4 gram.
Cascarille..	4
Storax calamite.	15
Iris de Florence.	15
Girofle..	12
Cannelle.	12
Roses rouges.	12
Fleurs de lavand..	24
— de grenades..	24
Myrrhe..	4
Macis.	4
Essence de bergamote..	10

—	de girofle.	10 gram.
—	de cannelle.	10
—	de géranium.	10

Faites une poudre dont vous jetterez une pincée sur une tôle chaude ou sur des charbons ardents. Cette poudre sert aussi à remplir des sachets.

Poudre d'ambre composée
DITE POUDRE JOVIALE.

Cannelle.	2 gram.
Girofle.	5
Macis.	5
Muscades.	2
Galanga.	2
Sassafras.	2
Bois d'aloès.	5
Bois de sandal.	5
Semences de cardamome.	2
Zédoaire.	2
Zestes secs de citron.	2
Ambre gris.	1

Réduisez en poudre toutes ces substances, et tamisez.

Poudre pour sachets.

Roses rouges.	50 gram.
Sandal-citrin.	30
Cardamome.	30
Cannelle.	15
Girofle.	15
Safran.	8
Anis.	30
Fenouil.	30
Iris.	50

Broyez dans un mortier toutes ces substances, et passez-les au tamis fin.

Poudre fumigatoire anglaise.

Oliban. . . . . 30 gram.
Benjoin.. 30
Myrrhe.. 30
Cascarille.. 15
Storax calamite.. 10
Genièvre. 15

Faites une poudre, que vous jetterez sur des charbons pour embaumer l'air des appartements.

Poudre à la rose pour sachets.

Roses rouges.. . . . . 250 gram.
  — pâles. 250
Bois de Rhodes râpé. 125
Ambrette.. 15

Faites une poudre que vous aromatiserez avec :

Essence de roses. . . . . 6 gouttes.
  — de rhodia. 6
  — de géranium. 10

Tamisez, et remplissez vos sachets.

Poudre à la vanille.

Vanille coupée très-menue.. . . . . . . 125 gram.
Storax en pain. 125
Clous de girofle.. 15
Benjoin. 125
Bois de Rhodes râpé. 125

Pulvérisez dans un mortier, puis aromatisez avec :

Teinture de vanille.. . . . . 2 gram.
Teinture de musc. 1

Tamisez, et mettez en sachet.

Poudre au Portugal.

Écorces d'oranges sèches. . . . . 400 gram.
Clous de girofle. 2
Storax calamite. 60
Benjoin. 60
Ambrette. 4
Ambre. 1

Pulvérisez le tout, passez à travers un tamis, et mettez en sachets.

Sachets des femmes d'Orient.

Iris. . . . . 125 gram.
Calamus aromaticus. 125
Sandal-citrin. 75
Bois de Rhodes. 75
Clous de girofle.. 50
Cannelle fine. 50
Benjoin. 25
Myrrhe. 25
Bergamotes vertes de séch'es.. 125
Poudre de roses musquées.. 125
Ambre gris.. 8

Pulvérisez et passez au tamis.

Les femmes d'Orient se servent de cette poudre pour
parfumer leur linge et leurs meubles de toilette. Elles
en remplissent des sachets qu'elles portent à leur cein-
ture ou dans leurs poches; enfin elles la font brûler
pour embaumer leurs appartements.

Autre sachet plus simple.

Roses rouges et pâles, en poudre	250 gram.
Clous de girofle pulvérisés	100
Muscades pulvérisées	100
Iris et sandal-citrin	250

CASSOLETTES

Les cassolettes sont de petits vases en terre fine, en porcelaine ou en métal, munis d'un couvercle percé de plusieurs petits trous. — Les riches Lévantins possèdent des cassolettes d'argent et d'or, qu'ils étalent vaniteusement quand ils reçoivent un étranger. — On remplit ces cassolettes de divers parfums, puis on chauffe le pied du vase : une fumée odorante s'en échappe à travers les trous et parfume l'appartement.

Composition d'une cassolette du sérail.

Storax calamite	16 gram.
Benjoin	8
Baume de la Mecque	8
Clous de girofle	3
Sandal-citrin	4
Ambre gris	1

Toutes ces substances doivent être pulvérisées.

POT-POURRI

Le pot-pourri se compose d'un mélange de fleurs, de racines, d'aromates et d'autres substances odoriférantes qn'on entasse dans un grand pot de terre vernissée à l'intérieur et qu'on a soin d'arroser avec de l'eau salée.

La recette suivante, qu'on dit avoir été donnée par Criton l'Athénien, servait à la composition de l'eau lustrale en usage dans les temples d'Aphrodite à Corinthe.

Fleurs d'oranger	500 gram.
Roses musquées	500
OEillets rouges	200
Marjolaine	100
Thym	50
Lavande	50
Romarin	50
Mélilot	50
Hysope	50
Menthe	50
Camomille	50
Laurier	10 feuilles.
Fleurs de jasmin	125 gram.
Écorces de citron	125
Petites oranges vertes	125
Sel de cuisine	500

Mettez le tout dans un pot neuf, et laissez macérer pendant un mois, en ayant soin de remuer deux fois le jour avec une spatule en bois. Au trente et unième jour, ajoutez :

Iris en poudre. . . . . 500 gram.
Benjoin. 60
Clous de girofle. 60
Coriandre. 60
Storax 50
Calamus aromaticus. 50
Poudre d'ambre.. 50

Remuez bien le tout avec la spatule, et vous aurez un pot-pourri très-odorant qui durera une année entière.

Autre composition plus moderne.

Fleurs d'oranger.. . . . . 500 gram.
Roses rouges. 250
Sommités de lavande.. 250
Marjolaine. 125
Myrte. 75
OEillets rouges. 50
Girofle. 8
Muscades. 8
Laurier. . . . . 10 feuilles.
Eau salée. . . . . 1 litre.

Ce mélange est versé dans un pot de terre vernissée que l'on recouvre d'un parchemin. On remue soir et matin avec un bâton, et après vingt jours de macération on ajoute :

Poudre de Chypre. . . . . 50 gram.
Poudre d'Iris.. 50

Ce pot-pourri répand une odeur très-suave. Les barbiers de Smyrne et de Constantinople en conservent de semblables dans leurs boutiques. Ils en jettent quelques gouttes dans l'eau dont ils se servent pour se laver, ainsi que nous le faisons chez nous avec l'eau Cologne.

Trochisques odorants du sérail

POUR PARFUMER LE LINGE, LES VÊTEMENTS. MEUBLES, ETC.

Benjoin.	8 gram.
Storax..	4
Labdanum..	4
Iris de Florence..	4
Muscades.	4
Romarin..	4
Sandal.	4
Calamus aromaticus.	4
Clous de girofle..	2
Cubèbe. .	2

Broyez toutes ces substances dans un mortier en y ajoutant de la gomme adragante dissoute dans suffisante quantité d'eau de roses, puis ajoutez :

Civette..	8 décigr.
Ambre gris..	15 gram.
Musc.	8 décigr.

Rebroyez de nouveau le tout, afin de le réduire en pâte homogène; sur la fin ajoutez vingt gouttes d'huile essentielle de cannelle. Repétrissez encore et formez des trochisques auxquels vous donnerez la forme qu'il vous plaira.

Ces trochisques se mettent dans les sachets, les meubles, le linge, les poches, les bourses, etc., et les imprégnent d'un parfum durable et très-suave.

On peut simplifier la composition de ces trochisques en réduisant le nombre des substances.

Trochisques aromatiques

(EN BATON).

Cannelle.	4 gram.
Cascarille.	4
Girofle.	4
Succin.	8
Vanille.	2
Storax.	4
Benjoin.	4
Musc.	5 centigr.
Ambre gris.	5

Réduisez ces substances en poudre et ajoutez :

Baume du Pérou.	1 gram.
— de Tolu.	2
— de la Mecque.	3

Arrosez avec un peu d'esprit de roses, de manière à faire une pâte que vous roulerez en bâtons de quinze à vingt grammes, dont vous opérerez la dessiccation à l'étuve ou au soleil, dans la saison d'été.

On se sert de ces bâtons pour parfumer les appartements; on les frotte sur une pelle chauffée, et ils répandent une odeur très-agréable.

Clous fumants

(CHANDELLES EN PASTILLES).

Benjoin amygdaloïde.	16 gram
Storax calamite.	4
Baume du Pérou.	7

Cascarille. . . . .   4 gram.
Clous de girofle.   2
Charbon pulvérisé. 40
Nitrate de potasse.   4

Réduisez le tout en poudre et ajoutez :

Teinture d'ambre gris..   2

Faites dissoudre le nitrate de potasse dans un peu d'eau chaude gommée, et versez sur la masse pulvérulente, que vous pétrirez pour en former une pâte. Faites ensuite avec cette pâte des clous, pastilles, chandelles, etc., que vous laisserez sécher. Après leur entière dessiccation, vous pourrez y mettre le feu ; alors elles brûleront lentement et répandront une odeur très-agréable.

Pastilles à la rose.

Roses pâles.. . . . . 125 gram.
Bois de Rhodes. 250
Essence de roses..   2
Charbon tamisé.. 125
Nitrate de potasse.   4

Faites une pâte avec une eau gommée ou avec le mucilage de gomme adragante.

Pastilles des Indes

Bois de sandal citrin. . . . . 120 gram.
Bois d'aloès.. 120
Cannelle fine.. 120
Bois de Rhodes. 60
Bois de cèdre.. 60
Girofle. 30
Myrrhe. 60

Vanille. . . . .   30 gram.
Ambre gris..   20
Benjoin. . ·   60

Le tout parfaitement pulvérisé. Faites, avec charbon, nitrate de potasse et mucilage de gomme adragante, des pastilles, comme il a été dit précédemment.

Pastilles de cachou pour la bouche.

Dans l'Inde, il est de mode très-ancienne de mâcher le cachou comme chez nous de fumer. Les Indiens s'offrent une pastille de cachou de même que nous offrons un excellent cigare.

Cachou à l'orange.

Cachou en poudre.. . . . .   125 gram.
Sucre en poudre..   700

Mêlez ces deux poudres en les humectant avec quelques grammes de néroli et d'essence de Portugal. Délayez ensuite avec eau de mucilage; broyez jusqu'à parfait mélange, et divisez la masse en petits grains que vous ferez sécher.

Cachou à la rose.

Cachou en poudre. . . . .   125 gram.
Solution de mucilage   100
Sucre en poudre..   700
Essence de roses..   2

Préparez comme il a été dit précédemment.

Cachou à la vanille.

Cachou en poudre.	125 gram.
Sucre en poudre..	700
Vanille coupée menue.	60

Pilez, dans un mortier de marbre, votre vanille, avec une petite quantité de sucre et de cachou; ajoutez de temps en temps vos poudres et pilez toujours, afin qu'on n'aperçoive aucun grumeau de vanille. Alors versez le mucilage, et triturez de manière à obtenir une pâte bien liée.

On peut, en opérant avec d'autres parfums, va ier l'odeur des cachous, selon le goût des personnes.

La meilleure préparation des pastilles de cachou est celle qu'on trouve dans l'officine de pharmacie, et dont voici la formule.

Extrait de réglisse par infusion.	100 gram.
Eau..	100

Faites fondre au bain-marie et ajoutez :

Cachou pulvérisé.	30 gram.
Gomme pulvérisée..	15

Faites évaporer jusqu'à consistance de miellat et incorporez :

Mastic réduit en poudre impalpable.	2 gram.
Cascarille	id.	id.	2
Charbon végétal	id.	id.	2
Iris	id.	id.	2

Laissez sur le feu, remuez vivement, et quand la

masse est assez consistante, retirez du feu et ajoutez encore :

Essence de menthe. . . . . 2 gram.
Teinture de musc. 2
— d'ambre. 2

Coulez sur un marbre huilé et étendez, à l'aide d'un rouleau, la masse en plaque de l'épaisseur d'une pièce de cinquante centimes. Lorsque la pâte sera refroidie, frottez-la avec du papier joseph, pour absorber l'huile des deux surfaces; puis, après les avoir légèrement humectées, couvrez-les de feuilles d'argent. Laissez sécher et enfin coupez la pâte en losanges, en carrés ou triangles très-petits.

CHAPITRE XV

DES CORPS GRAS EMPLOYÉS EN PARFUMERIE.

Les corps gras que la parfumerie emploie sont de deux sortes, les graisses et les huiles fines. Parmi les graisses on distingue celles de bœuf, de veau, de mouton et de porc; nous ne parlerons pas de la graisse d'ours, dont la consommation est infiniment minime, et dont les qualités sont analogues à celles des autres graisses.

Parmi les huiles, on distingue les huiles liquides et

les solides. Dans le premier groupe se trouvent les huiles d'olives, d'amandes, de ben et d'œillette. Au second groupe appartiennent les huiles de palme, de laurier, les beurres de cacao, de muscades, etc.

Les corps gras sont composés de trois principes : les acides margarique, oléique et stéarique, unis à un quatrième principe, la *glycérine*. On peut donc les considérer comme des margarates, des oléates et des stéréates de glycérine.

Les matières grasses, dans le règne végétal comme dans le règne animal, sont contenues dans des cellules juxtaposées. Il faut, pour les extraire, briser les cellules qui les contiennent. C'est au moyen de l'ébullition et de la pression qu'on obtient ce résultat. Mais les corps gras ne sont point purs après leur extraction, les graisses animales recèlent de la gélatine, de la fibrine et de la sérosité; les huiles renferment de l'albumine et du mucilage. Ces matières étrangères agissent comme de véritables ferments, et c'est à leur présence qu'est due l'altération connue sous le nom de *rancissement*. La stéarine, la margarine et l'oléine pures ne rancissent jamais.

Pour purger les huiles et les graisses des matières étrangères qui les font rancir, on a recours aux procédés de l'épuration. Le procédé le plus en usage pour les huiles consiste à précipiter leur mucilage par deux centièmes de leur poids d'acide sulfurique. On laisse reposer, on décante, puis les huiles sont filtrées et lavées.

Un autre procédé, d'après Julia de Fontenelle, serait

de laver l'huile avec une solution aqueuse d'hydrochlorate de soude. Par exemple, on laverait dix kilogrammes d'huile avec trente kilogrammes d'eau tenant en dissolution cinq cents grammes d'hydro-chlorate de soude; on décante après le repos et on filtre.

SECTION 1

DES HUILES.

Huile d'olives.

L'huile vierge d'olives, tirée à froid, peut servir à l'enfleurage, à la préparation des pâtes cosmétiques et des pommades; mais, son emploi, le plus général, se fait dans la fabrication des savons.

Huile de ben.

Cette huile est fournie par les noix de *ben*, dont les Égyptiens font un grand commerce. L'huile de ben, venant de l'Inde, passe pour être moins bonne que celle d'Afrique; cependant nous pensons que l'une et l'autre exigent une épuration préalable pour avoir toutes les qualités requises. On la retire par expression, de même que celle d'amandes; elle est blanche, inodore, moins sujette à rancir, et s'emploie généralement pour l'enfleurage.

Huile d'amandes.

La parfumerie fait une énorme consommation de cette huile, qui passe, à juste titre, pour la plus douce; mais elle se rancit facilement, surtout lorsqu'elle a été tirée à chaud, parce qu'alors elle contient beaucoup de mucilage. La bonne parfumerie ne devrait employer que celle exprimée à froid et la soumettre à plusieurs filtrations qui la dépouilleraient de ses matières putrescibles. Les meilleures huiles d'amandes sont celles du Languedoc et de la Provence; celles de Barbarie et d'Italie leur sont inférieures.

Huile de palme.

L'huile qui, dans le commerce, porte ce nom, provient sans doute du palmier *Lodoïce*, originaire des Séchelles, et dont le fruit se compose d'une énorme amande ayant une odeur de violette très-prononcée. — L'huile de palme est jaunâtre, de consistance butyreuse, et ne trouvait autrefois son emploi que dans les savons colorés, lorsqu'un chimiste parvint à la décolorer par le moyen suivant : — Faites fondre l'huile de palme au bain-marie, dans une chaudière étamée; jetez-y, par cinquante kilogrammes d'huile, cinq kilogrammes de peroxyde de manganèse; remuez la masse pour bien incorporer; au bout de dix à quinze minutes, versez-y deux kilogrammes d'acide sulfurique; augmentez le feu jusqu'à l'ébullition; remuez, agitez la masse en tous sens, et laissez refroidir. L'huile a pris une teinte verdâtre et monte à la surface de l'eau. On sépare l'huile et on l'expose à l'air, qui la blanchit en peu de temps et la rend propre à fabriquer des savons blancs.

En Angleterre, où il se fait une énorme consommation d'huile de palme, on obtient sa décoloration par un moyen beaucoup plus simple; ce moyen consiste à l'exposer à l'action simultanée de l'air et d'une température de cent degrés. L'huile blanchit au bout de quelques jours, et les savonniers l'emploient à fabriquer toute espèce de savons.

Huile de coco.

Cette huile s'emploie aussi pour la fabrication des savons, et plus rarement dans la confection des pommades; mais alors elle est mélangée à d'autres huiles et corps gras. L'huile de coco est formée du mélange de deux principes, l'un solide et l'autre liquide. Le principe solide n'est autre chose que de la glycérine unie à un corps gras auquel on a donné le nom d'*acide cocinique*.

Beurre de cacao.

On l'obtient, soit par expression, soit en faisant bouillir les graines d'un arbuste que les botanistes nomment *theobroma cacao*. Le beurre de cacao est solide, huileux, et rancit difficilement. Son usage est très-restreint en parfumerie; cependant il possède à un haut degré des qualités lénitives qui devraient être mises à profit dans les pâtes et les pommades cosmétiques.

Huile et beurre de muscade.

Fruit du laurier muscadier, la noix muscade fournit deux sortes de parfums, le macis ou arille et l'amande; cette dernière donne, par l'expression, l'huile solide appelée beurre de muscade. En distillant ce beurre, on obtient une huile essentielle très-aromatique dont la parfumerie se sert assez fréquemment pour ses parfums composés. On reconnaît la bonne qualité des noix muscades, à leur poids, à leur extérieur uni, grisâtre, et à l'onctuosité de l'amande; étant frottées, elles doivent répandre une odeur suave.

'Graisse de bœuf.

On doit la choisir fraîche, blanche, ferme et ne répandant aucune odeur forte. Nous indiquerons plus loin les préparations qu'elle doit subir avant d'être employée dans les pommades.

Graisse de veau.

Plus légère et plus molle que la précédente, la graisse de veau purifiée est d'un grand secours dans la fabrication des pommades fines; unie à l'huile d'amandes douces, elle donne les meilleures liparolés dont on puisse se servir pour la chevelure.

Graisse de mouton.

Elle est nécessaire à la fabrication des pommades qui exigent de la consistance ; c'est surtout dans la pommade en bâton, improprement nommée cosmétique par les coiffeurs, qu'elle devient indispensable. La graisse de mouton est plus sujette que les autres à rancir ; l'odeur de suif qu'elle répand alors doit la faire rejeter. C'est particulièrement la graisse des rognons que le parfumeur emploie.

Graisse de porc.

L'énorme consommation que la parfumerie fait de cette graisse témoigne de son utilité. On doit choisir l'axonge la plus fraîche et la plus blanche; on rejettera celle qui est jaune et qui répand de l'odeur. Avant de s'en servir, on lui fait subir diverses préparations pour la purifier; sans cette précaution tout à fait indispensable, elle rancirait promptement. La graisse de porc ou panne s'emploie pour la fabrication des savons et des pommades; le parfumeur ne saurait s'en passer.

Blanc de baleine.

Substance onctueuse, blanche, nacrée, provenant d'une huile épaisse qui entoure le cerveau et la moelle épinière du cachalot, espèce de baleine à tête énorme. Cette huile, en se concrétant, prend la couleur et la forme qu'on lui connaît. On la purifie en la dissolvant dans l'alcool; puis on la fait cristalliser pour la livrer au commerce. Le blanc de baleine est d'un très-fréquent usage en parfumerie; il entre dans la composition des cold-cream, pommades en crème, liparolés, pâtes, gelées, etc. On le considère, à juste titre, comme un des meilleurs cosmétiques.

Cire.

La cire est le produit du travail que les abeilles opèrent avec le pollen des fleurs; elle est composée de deux principes : la *cérine* et la *myricine*. Naturellement jaune, on la rend blanche en séparant le *propolis* ou matière colorante et l'exposant à l'air. La cire entre dans la composition des pommades, cold-cream et autres cosmétiques. On la falsifie souvent avec de la stéarine, alors le parfumeur doit la rejeter.

SECTION II

DE L'ÉPURATION ET PRÉPARATION DES GRAISSES DITES CORPS DE POMMADE.

La première condition et la plus essentielle à remplir est de choisir des graisses fraîches de bœuf ou de veau, et de bien les purger des impuretés qui pourraient nuire à leur conservation. Lorsque vous choisissez de la *panne*, prenez-la ferme, épaisse et sans aucune fibre ; car, pendant la cuisson, ces corps étrangers peuvent donner une mauvaise odeur à votre graisse.

1° Vous commencerez par couper votre graisse, et la pilerez dans un mortier ; lorsqu'elle sera parfaitement écrasée, vous la jetterez dans un grand baquet d'eau, et la malaxerez pour la faire dégorger des particules de sang et de sérosité qu'elle recèle; vous changerez l'eau jusqu'à ce qu'au dernier lavage l'eau reste claire.

2° Jetez votre graisse dans une chaudière contenant un tiers d'eau ; ajoutez soixante-cinq grammes d'alun, et cent vingt-cinq de sel marin pour une masse de cinquante à soixante livres de graisse. Faites-lui donner quelques bouillons, en ayant soin de l'écumer. Retirez-la du feu et passez-la à travers un fort tamis de crin. — Vous conserverez ce qui reste sur le tamis pour des pommades inférieures.

Lorsque la graisse sera figée, vous percerez un point de la surface pour vider l'eau qui est au-dessous, et la retirerez pour la faire refondre dans une autre bassine contenant également de l'eau. Cette fois, vous ajouterez trois litres d'eau de roses, et vous en opérerez la fonte au bain-marie. Vous écumerez de nouveau s'il y a lieu, et, après quelques bouillons, vous la retirerez du feu et la laisserez refroidir. Faites un trou à la surface de la graisse pour laisser écouler l'eau; enlevez la calotte et raclez avec une lame mousse toutes les impuretés qui peuvent encore se trouver sur le côté qui était en contact avec l'eau. Immédiatement après, déposez-la sur des torchons blancs pour qu'elle leur abandonne le reste d'humidité qu'elle peut contenir, et terminez en raclant avec un couteau mousse les impuretés qui pourraient encore adhérer. — Laissez sur des linges et dans un lieu frais votre graisse jusqu'au lendemain. Jetez-la dans un mortier de marbre et battez-la pendant quelque temps; ensuite enfermez-la dans des pots vernissés à l'intérieur, et conservez la en lieu frais pour l'usage. — Les graisses qui ont subi cette préparation peuvent se conserver fort long-temps.

AUTRE PROCÉDÉ D'ÉPURATION EMPLOYÉ POUR LES GRAISSES SERVANT A LA FABRICATION DES SAVONS.

Hachez et pilez dans un mortier la panne ou graisse de porc, puis lavez-la dans plusieurs eaux jusqu'à ce que la dernière eau soit claire. Mettez ensuite votre graisse égoutter, puis faites-la fondre au bain-marie; ajoutez, quand la fusion commence, deux grammes d'alun et cinq grammes de sel de cuisine par kilogramme de graisse; donnez quelques bouillons et écumez, puis passez au tamis et conservez les crétons afin de les utiliser; laissez ensuite refroidir et séparez l'eau qui est restée. Pour donner à votre graisse toutes les qualités de conservation, il faut la faire fondre de nouveau avec addition de quatre litres d'eau de roses pour vingt kilog. de panne; écumez s'il est besoin et passez de nouveau à travers une étamine; laissez refroidir, retirez l'eau, placez la graisse sur un tamis pour la laisser égoutter

pendant quelques heures, puis jetez-la dans un mortier
et battez-la pour la blanchir. Les graisses qui ont subi
cette préparation se conservent bien et peuvent également servir à faire des corps de pommades et des savons.

Lorsque les pommades doivent être expédiées dans
les pays chauds, il est de toute nécessité d'ajouter à
l'axonge ainsi préparé un bon tiers de graisse de bœuf
ou un cinquième de cire. Sans cette addition, les pommades se liquéfieraient et couleraient.

Graisse de mouton.

L'épuration de cette graisse, plus dure que les précédentes, s'opère de la même manière; mais elle exige
plus de précautions, parce qu'elle vire facilement à
l'odeur du suif. Il convient de lui faire subir jusqu'à
trois épurations consécutives. Du reste, la bonne parfumerie n'emploie la graisse de mouton qu'en petite
quantité, mélangée à d'autre graisse ou à de la cire.
Son emploi est restreint à la pommade en bâton, que
l'on charge d'essences communes pour en assurer la
conservation. (Voyez, quelques pages plus loin, la
manière de donner diverses couleurs aux pommades.)

CHAPITRE XVI

**DES POMMADES. — LIPAROLÉS. — CÉRATS-CRÈMES.
COLD-CREAM. — SERKIS, ETC.**

SECTION I

DES POMMADES.

Le mot *pommade* désignait, dans le principe, des préparations cosmétiques dans lesquelles on faisait entrer des pommes de reinette. Ce mot s'applique aujourd'hui à tout corps gras parfumé ou médicamenteux destinés à onctionner la peau ou les cheveux.

La conservation et la beauté de la chevelure dépendent essentiellement de la pratique de soins hygiéniques éclairés, et le grand nombre de personnes qui perdent leurs cheveux n'auraient pas à déplorer ce désastre si elles eussent lu l'excellent ouvrage intitulé : HYGIÈNE COMPLÈTE DES CHEVEUX ET DE LA BARBE, par M. A Debay, dont nous extrayons les passages suivants :

« La bonne qualité de toute pommade dépend de la pureté, de la fraîcheur des matières qui la composent et de son mode de fabrication ; si les huiles et graisses sont vieilles, ou si on les fait trop chauffer, la pommade devient détestable et nuisible ; alors, pour ne point les perdre, on les colore, on les charge de parfums.

« Les pommades préparées à froid et battues dans un mortier sont les meilleures et les moins susceptibles de rancir.

« Nous engageons nos lecteurs à ne jamais user de pommades colorées d'une origine douteuse, et à leur préférer les pommades blanches et légèrement parfumées. »

Modèle de pommade à la rose

(PAR INFUSION).

Prenez cinq cents grammes de graisse préparée ainsi qu'il vient d'être dit ; mettez-les dans une bassine avec cinq cents grammes de pétales de roses pâles bien fraîches et exemptes d'humidité. Pétrissez-les bien ensemble et faites-les fondre au bain-marie ; entretenez la fusion pendant un jour, en ayant soin de remuer aussi souvent que vous le pourrez. Passez ensuite votre graisse à travers une forte étamine ; retirez vos feuilles de roses et placez-les dans une autre étamine, que vous mettrez sous presse, afin d'en exprimer la graisse et le principe odorant qu'elles contiennent encore. Lorsque cette première opération sera terminée et que votre graisse sera de nouveau figée, vous recommencerez à incorporer cinq cents grammes de roses nouvelles ; vous les pétrirez et malaxerez avec la graisse, comme la première fois, puis vous ferez fondre au bain-marie. Vous renouvellerez quatre ou cinq fois la même opération, en observant les mêmes manipulations précédemment indiquées. Plus vous aurez ajouté de roses et les aurez exprimées à la presse, meilleure sera votre pommade.

Lorque vous passerez votre pommade pour la dernière fois, vous ajouterez dans le vase qui la reçoit : six grammes d'essence de rhodia ou de géranium, et agiterez en tout sens, avec une spatule, afin de bien incorporer l'essence; vous laisserez ensuite refroidir votre pommade et la conserverez dans des vases de porcelaine à l'abri de l'air et de la poussière.

Ce modèle de préparation s'applique à toutes les pommades qu'on fabrique avec des fleurs. Selon les diverses espèces de fleurs, il peut bien y avoir quelques légères modifications, mais la marche à suivre est toujours la même.

Modèle de pommade à la rose

(PAR COMPOSITION).

Graisse préparée..	500 gram.
Blanc de baleine..	50
Huile d'amandes douces..	90
Essence de roses.	1
Essence de géranium rectifiée.	4

Faites fondre au bain-marie la graisse, l'huile et le blanc de baleine; remuez avec une spatule pendant la fusion. Lorsque le tout est parfaitement fondu, coulez dans un mortier de marbre; attendez que la masse soit figée; alors, avec le pilon, triturez jusqu'à ce que vous ayez une pommade blanche bien liée et exempte de grumeaux; versez ensuite vos essences et retriturez longtemps pour bien les incorporer. On peut ajouter quelques grammes d'alcoolat de roses, afin de rendre la pommade tonique. — Si vous désirez que votre pommade ait une couleur rose, il faut chauffer préala-blement vos quatre-vingt-dix grammes d'huile d'a-mandes avec deux grammes d'écorce de racines d'or-canette ; la passer à travers une étamine, l'huile aura pris la couleur rose que vous désirez.

Pommade au jasmin.

Graisse préparée.	1 kilog.
Storax calamite.	30 gram.
Benjoin.	30

Faites fondre au bain-marie, et laissez un jour en infusion.

Le lendemain, faites refondre, passez à travers l'é-tamine et remettez sur le bain-marie, en ajoutant à la masse :

Pommade à la fleur d'oranger.	300 gram.
Pommade à la cassie.	150

Lorsque votre masse commencera à fondre, ajoutez :

Fleurs de jasmin.	700 gram.

Remuez pendant quelque temps avec une spatule, retirez ensuite votre pommade du bain-marie, couvrez-la, et laissez macérer pendant un jour.

Ce temps écoulé, faites refondre au bain-marie, pas-sez avec expression et ajoutez quelques gouttes d'essence d'ambre et de musc; remuez en tous sens, et coulez dans des pots, que vous mettrez à l'abri de la poussière.

Pommade à la fleur d'oranger.

```
Graisse préparée.. . . . . . . . . . .    500 gram.
Fleurs fraîches et mondées d'oranger. . .  250
```

Opérez comme il a été dit pour la pommade à la rose. Ajoutez à la fin de l'opération :

```
Essence de bergamote.. . . . . . . . .    2 gram.
```

Pommade à la violette.

```
Graisse préparée.. . . . . . . . . .    500 gram.
Pommade à la cassie.. . . . . . . . .   250
Pommade au jasmin. . . . . . . . . .    250
```

Faites fondre et ajoutez :

```
Fleurs mondées de violettes. . . . . . .  500 gram.
```

Opérez comme pour la pommade à la rose.

Pommade à la tubéreuse.

```
Graisse préparée.. . . . . . . . . .    500 gram.
Storax. . . . . . . . . . . . . . . .    125
```

Faites fondre et incorporez bien le storax, puis ajoutez :

```
Pommade à la fleur d'oranger. . . . . .   125 gram.
    —      au jasmin.. . . . . . . . .   125
```

Triturez vivement pour bien opérer le mélange de ces graisses; puis ajoutez-y :

Fleurs de tubéreuse. . . . . 250 gram.

Et continuez l'opération comme elle est décrite pour la pommade à la rose.

Pommade à la cassie.

Graisse préparée.. . . . . 1 kilog.
Storax. . . . . 125 gram.
Benjoin. 125

Faites fondre; passez et ajoutez :

Fleurs de cassie. . . . . 500 gram.

Faites refondre et laissez digérer pendant vingt-quatre heures. Après ce temps, foulez, pétrissez bien votre graisse avec vos fleurs; faites fondre une troisième fois, et ajoutez pendant la fusion :

Pommade au jasmin. . . . . 150 gram.

Le tout étant fondu, passez avec expression, comme il a été dit pour la pommade à la rose.

La pommade à la cassie est très-forte en odeur; c'est une de celles qui se conservent le mieux et qui s'emploient le plus fréquemment dans la préparation des autres pommades.

Les pommades au *réséda*, à la *jonquille*, à la *jacinthe*, au *lilas*, au *seringat*, au *muguet*, à l'*héliotrope*, à l'*œillet*, etc., se préparent exactement de la même manière que les pommades aux fleurs dont nous venons de donner la description.

Nous ferons observer ici que, dans le midi de la France, et particulièrement à GRASSE, il existe des laboratoires en grand où se préparent les graisses aux fleurs, et qui sont ensuite expédiées aux parfumeurs des grandes villes d'Europe, soit pour leur servir de corps de pommade, soit pour la préparation des *extraits* alcooliques.

Pommade à la vanille.

```
Graisse préparée. . . . . . . . . . . . . .   500 gram.
Storax.. . . . . . . . . . . . . . . . . .    30
Benjoin. . . . . . . . . . . . . . . . . .    50
```

Faites fondre, et laissez en digestion pendant trois jours ; puis faites refondre, passez à l'étamine, et ajoutez :

```
Vanille coupée très-menue.. . . . . . . .   30 gram.
```

Pétrissez, malaxez la graisse avec la vanille, et laissez macérer dix jours, en ayant soin de retourner en tous sens plusieurs fois par jour. Au bout de ce temps, faites fondre au bain-marie, passez à travers une étamine, et mettez l'étamine sous presse pour exprimer le résidu, qui recèle beaucoup d'essence de vanille. Lorsque la masse commencera à se figer, ajoutez :

```
Essence de bergamote. . . . . . . . . . . .   1 gram.
   —    de girofle. . . . . . . . . . . . .   1
Teinture de vanille.. . . . . . . . . . . .   2
   —    de baume du Pérou . . . . . . . .    1
   —    de benjoin. . . . . . . . . . . . .   2
```

Battez longtemps la masse, afin d'incorporer parfaitement tous ces parfums.

Pommade au bouquet.

Faites fondre au bain-marie :

Pommade à la fleur d'orange. . . . . 100 gram.
— à la tubéreuse. 100
— à la jonquille. 100
— à la cassie. 100

La fusion étant opérée, ajoutez :

Pommade au jasmin. . . . . 500 gram.

Remuez pour bien mêler ; puis, lorsque la masse commence à se figer, ajoutez encore :

Essence de bergamote. . . . . 4 gram.
— de girofle. 8
— de thym blanc. . . . . 5 décig.

Remuez et battez de nouveau pour bien incorporer.

Pommade aux mille fleurs.

Elle se prépare exactement comme la précédente ; mais on y ajoute en plus :

Essence de Portugal. . . . . 4 gram.
— de lavande. 2
— de verveine. 1

Pommade ambrée et musquée.

Musc.   1 gram.
Ambre.   2
Graisse préparée..   500

Triturez d'abord dans un mortier de porcelaine, avec un peu d'alcool, le musc et l'ambre.

Prenez ensuite cinquante grammes de votre graisse; triturez-la dans le mortier avec l'ambre et le musc; mettez enfin toute votre graisse dans une bassine et faites fondre au bain-marie. La graisse étant à peine fondue, retirez du feu et laissez digérer pendant dix jours; au bout de ce temps, faites refondre de nouveau, en ajoutant :

Pommade à la vanille.. . . . .   150 gram.
—   au jasmin.   150
—   à la tubéreuse..   100

Passez avec expression, et coulez dans un pot de faïence, que vous mettrez à l'abri de la poussière.

La parfumerie débite une immense variété de pommades qui ont toujours pour base celles que nous venons de décrire, et qui n'en diffèrent que par l'addition en plus de tel parfum ou la soustraction de tel autre.

Les pommades dites à la *moelle de bœuf* sont généralement des pommades à la graisse. La pommade qui a été véritablement préparée avec de la moelle se gâte plus vite que les précédentes, parce que la moelle contient beaucoup de substances étrangères putrescibles, et qu'elle n'est jamais assez bien purifiée lorsqu'on s'en sert pour faire des pommades.

Pommade philocome.

Moelle de bœuf..	24 gram.
Huile d'amandes douces..	8
Extrait de quinquina..	2
Baume du Pérou.	20 gouttes.
Essence de bergamote.	8

Préparez selon l'art.

Pommade transparente.

Blanc de baleine..	50 gram.
Huile de ricin..	150
Alcool..	150
Essence de bergamote.	2
— de Portugal.	2

Faites fondre, en remuant, le blanc de baleine et l'huile, versez peu à peu l'alcool; retirez du feu et ajoutez les essences. Remuez bien pour opérer leur incorporation et coulez dans des flacons de verre.

POMMADES AUX ESSENCES

On fabrique aussi des pommades sans avoir recours à l'infusion des fleurs dans la graisse. Ces pommades, faites avec des graisses fort peu chauffées et les huiles essentielles des fleurs, ne sont nullement inférieures aux autres et ont l'avantage de se conserver plus longtemps, par la raison que les graisses chauffées plusieurs fois se rancissent plus vite. Nous donnerons comme échantillon la pommade suivante dans laquelle on pourra incorporer les diverses essences et teintures connues.

Pommade blanche.

Graisse de veau purifiée (1).	400 gram.
Blanc de baleine.	100
Cire vierge..	50
Huile de ben ou d'amandes.	250

Faites fondre au bain-marie; coulez dans un mortier; triturez et battez jusqu'à ce que vous ayez obtenu une pâte bien liée. Puis ajoutez :

Essence d'amandes amères.	2 gram.
— de géranium.	10
— de bergamote..	15
Teinture de musc.. . . . , ...	1

Battez de nouveau jusqu'à parfaite incorporation.

On prépare de la même manière les pommades aux diverses essences.

Pommade en bâton.

Cette pommade, dont on se sert pour lisser et fixer les cheveux, doit offrir un corps dur qui ne puisse s'écraser par la pression. Les substances qui entrent dans sa composition sont :

Graisse de bœuf purifiée..	10 parties.
Cire..	2

(1) Voyez au chapitre *Produits nouveaux* la manière de purifier cette graisse.

Faites fondre au bain-marie, et lorsque la masse commence à se refroidir, aromatisez avec des essences de votre goût ; remuez pour incorporer et coulez dans des moules.

On colore cette pommade, à laquelle les coiffeurs ont donné le nom impropre de *cosmétique* :

En noir — avec du charbon de liége.
En jaune — avec du carbonate de fer, ou du roucou.
En rose — avec de l'orcanette, de la laque ou de la cochenille.
En vert — avec du chlorophyle, etc.

On pourrait la colorer en noir et avec plus d'avantage au moyen d'une solution d'acide gallique et de sulfate de fer, dans laquelle on ajouterait un peu de gomme arabique.

DES HUILES PARFUMÉES

POUR ONCTIONNER LES CHEVEUX.

Il se préparait autrefois une grande variété de ces huiles ; aujourd'hui les pommades les ont fait abandonner, et leur usage s'est beaucoup restreint. Nous n'en relaterons que quelques-unes.

Huile antique.

Huile de Ben.	500 gram.
Essence de bergamote.	15
Teinture d'ambre.	10

Huile des Célèbes.

Huile d'olives épurée.. . . . . 500 gram.
Sandal-citrin. 25
Cannelle.. 15

Faites digérer le sandal et la cannelle concassés dans l'huile ; passez et ajoutez :

Essence de Portugal. . . . . 4 gram.

Huile de Macassar.

Huile de soleil.. . . . . 90 gram.
Graisse d'oie.. 30
Beurre de cacao. 8
Huile d'œufs.. 8
Storax. 8
Néroli. 4
Essence de thym.. 2
Baume du Pérou. . . . . 5 décig.
Essence de roses.. 1

Mêlez le tout, laissez digérer pendant une nuit et filtrez.

SECTION II

DES POMMADES ANTICALVITIQUES ET RÉGÉNÉRATRICES.

Pommade contre la calvitie

(DE DUPUYTREN).

Graisse préparée.. . . . . 150 gram.
Baume Nerval.. 60
Huile d'amandes.. 45

Extrait alcoolique de cantharides. . . . . .   5 décig.
Essence de girofle. . . . .   6 gouttes.
  —   de cannelle.   6

Pommade contre la chute

(DE BOUCHARDAT).

Axonge. . . . .   30 gram.
Suc de citron.   6
Teinture de cantharides.   2

Pommade contre l'alopécie

(DE STÉEGE).

Beurre de cacao. . . . .   40 gram.
Huile d'olive..   20
Quinine. . . . .   4 décig.
Tannin..   6
Teinture aromatique.   8

Pommade régénératrice

(DE MAHON).

Axonge lavé. . . . .   150 gram.
Carbonate de soude.   30
Tartre stibié.   2
Savon médicinal..   30

Pommade aux feuilles de noyer.

Graisse préparée.. . . . .   500 gram.
Feuilles de noyer fraîches..   250
Teinture de semences de persil.   8
Essence de lavande..   2
  —   de marjolaine.   2
  —   de girofle..   4

Triturez les feuilles de noyer dans un mortier, et lorsqu'elles sont bien écrasées, jetez-les sur votre graisse, que vous ferez fondre au bain-marie. La graisse étant fondue, retirez-la du feu et laissez digérer pendant trois jours. Alors, faites fondre de nouveau et passez avec expression à travers une forte étamine. Versez votre teinture de persil et battez vivement ; ajoutez ensuite vos essences et rebattez encore jusqu'à parfaite incorporation.

Poudre anticalvitique.

Semences de persil pulvérisées... . . . . . 60 gram.
Poudre de quinquina. 15
  — de cachou.. 10

Mêlez et tamisez.

On en poudre le cuir chevelu pendant quelques jours.

Pommade souveraine contre la calvitie par sueurs excessives.

Graisse préparée. . . . . 500 gram.
Extrait alcoolique de quinquina.. 25
Acide tannique. 2
Goudron.. 1

Triturez dans un mortier le goudron et le quinquina ; ajoutez ensuite l'acide tannique avec un peu d'alcool et de savon pour mieux le dissoudre ; enfin, mettez votre graisse et triturez jusqu'à parfait mélange. Aromatisez avec quelques gouttes d'essences de girofle et de cannelle..

Nous terminerons, au sujet des pommades pour les cheveux, en faisant observer que le nombre des pommades *anticalvitiques* et *régénératrices* est immense. Il n'est pas de petit coiffeur, d'épileuses, de femmes de chambre en retraite qui n'ait inventé une pommade merveilleuse infaillible, pour récapiliser les têtes les plus chauves. Ces sortes de pommades, il faut le dire, sont toujours inférieures à celles des bons parfumeurs, lorsque toutefois elles n'ont pas été achetées chez eux par les soi-disant inventeurs. La plupart de ces récapilisateurs improvisés barbouillent les journaux de leurs annonces, et malheureusement les gens crédules mordent à ce grossier appât; mais ils sont bientôt désillusionnés. A cette industrie, exploitée par des mains ignorantes, s'est attachée le ridicule, et les hommes de l'art, qui se seraient occupés sérieusement de cette branche d'hygiène médicale, s'en sont abstenus, dans la crainte d'être ridiculisés eux-mêmes.

Nous engageons donc les lecteurs affligés de calvitie à lire les ouvrages spéciaux qui traitent de cette maladie [1], et à ne jamais s'en rapporter au dire des personnes qui prétendent avoir été récapilisées par la pommade héroïque de M. ou de madame tels, car la raison doit leur apprendre que, les causes productrices de la chute des cheveux étant différentes, le traitement doit être différent; que par conséquent la même pommade ne saurait arréter toutes les calvities. Cette di-

---

[1] *Hygiène médicale des cheveux*, par Debay. Prix : 2 francs 50 centimes.

gression, quoique hors de notre sujet, a son but d'utilité.

SECTION III

DES POMMADES COSMÉTIQUES POUR LA PEAU ET LE TEINT.

Cérat cosmétique ou Cold-cream.

Blanc de baleine concassé. . . . .   70 gram.
Cire blanche   id.   30
Huile d'amandes douces tirée à froid.. . .   500

Faites fondre au bain-marie et coulez dans un mortier de marbre. Triturez et battez jusqu'à ce que vous ayez une crème blanche exempte de grumeaux; il faut avoir soin de racler avec la spatule et de faire tomber au fond du mortier les parties figées qui s'attachent aux parois. Ajoutez, par petites portions :

Eau triple de roses.. . . . .   60 gram.

Rebattez à chaque fois. Sur la fin de l'opération, versez quelques gouttes d'essence de roses pour parfumer votre crème. Battez encore; plus le cold-cream est battu, plus blanc et meilleur il devient.

Pommade aux concombres.

Graisse purifiée. . . . .   500 gram.
Blanc de baleine..   150
Cire blanche.   30
Huile de ben.   150

Faites fondre au bain-marie et ajoutez :

Suc de concombres. . . . . 300 gram.

Chauffez pendant trois ou quatre heures ; passez ensuite par expression et laissez refroidir. Séparez ensuite la partie aqueuse et les fèces ; faites de nouveau fondre au bain-marie ; passez encore une seconde fois par expression, et laissez refroidir, pour séparer ce qui pourrait rester d'eau et de fèces dans la pommade. Enfin, jetez votre pommade dans un mortier de marbre et battez-la pendant deux heures, en y ajoutant un peu d'eau de roses et de glycérine inodore.

Pour obtenir le suc de concombres, on râpe les concombres, on les réduit en bouillie, puis on exprime à travers un linge serré. Il existe plusieurs procédés pour fabriquer cette pommade. Buron a proposé de passer à l'alambic le suc des concombres, additionné d'un vingt-cinquième d'alcool, et d'en retirer seulement deux cent cinquante grammes de produit sur cinq kilogrammes de suc. Ces deux cent cinquante grammes d'alcoolé de concombres suffiraient pour préparer un kilogramme de pommade.

Nous pensons que le premier procédé est supérieur à celui-ci, d'abord parce que l'odeur et la substance du concombre ne sont nullement altérées, ensuite parce que, la pommade de concombres étant usitée comme un agent des plus adoucissants, l'alcool lui ferait perdre cette propriété.

Pommade à la sultane.

Blanc de baleine..	60 gram.
Cire vierge..	30
Huile d'amandes..	125
Eau de roses..	30
Baume de la Mecque.	15

Faites fondre au bain-marie la cire, le blanc de baleine avec l'huile ; coulez dans un mortier de marbre et battez jusqu'à ce que vous ayez une pommade bien liée ; ajoutez ensuite, en battant toujours, l'eau de roses et le baume.

Cette préparation ne diffère du cold-cream que par l'addition du baume de la Mecque, et cette addition n'est nullement favorable à la peau. Du reste, toutes les pommades pour la peau et le teint, que le parfumeur décore d'épithètes plus ou moins attrayantes, ont toujours la même composition, en voici un exemple :

Crème du Cattay.

Térébenthine..	2 gram.
Blanc de baleine..	8
Cire blanche.	4
Fleurs de zinc..	4
Huile d'amandes..	125
Eau de roses.	180
Essence de roses.	1

Faites fondre au bain-marie ; triturez avec l'eau de roses et ajoutez, en broyant, les fleurs de zinc.

Cette préparation est mauvaise et ne peut que nuire

à la peau. La térébenthine irrite la peau et la fait rougir. Nous citons cette formule pour donner la preuve que la parfumerie, en général, ignore la composition chimique des substances dont elle se sert, et leur action sur l'organe cutané.

Crème du Liban.

Huile de ben.	250 gram.
— de pavot.	60
Cire blanche.	15
Blanc de baleine.	30
Acide benzoïque.	30
Lait d'amandes.	500
Blanc de bismuth.	250
Talc de Venise.	125
Baume du Pérou.	1
Essence de roses.	5 centig.

Faites avec toutes ces substances une pommade.

La partie active de cette préparation est le sous-nitrate de bismuth, très-nuisible à la peau. Les matières grasses ont été ajoutées pour en diminuer l'effet pernicieux. Mais ce blanc est d'un usage des plus désagréables, attendu qu'il graisse la peau, les linges, et s'enlève au moindre frottement; de plus, il noircit.

La seule différence qui existe entre ces crèmes, c'est que dans les unes on met du blanc de perles (bismuth) ou du sulfate de baryte, ou du talc à la prêle, et quelquefois de la céruse ou du sous-acétate de plomb précipité, ainsi que nous le verrons tout à l'heure au chapitre qui traite des *blancs* de fard. Toutes ces pommades sont pernicieuses à la fraîcheur de la peau.

Pommade contre les farines du visage.

Graisse préparée... . . . . 30 gram.
Borax effleuri. 4

Broyez et triturez jusqu'à parfait mélange.

Pommade rosat

(CÉRAT LABIAL).

Graisse préparée. . . . . 60 gram.
Huile d'amandes douces. 50
Cire blanche.. 45
Racine d'orcanette.. 1

Faites fondre au bain-marie. Passez à travers une étamine et coulez dans un mortier de marbre. Triturez jusqu'à ce que vous ayez une pommade sans grumeaux; puis ajoutez :

Essence de roses. . . . . 12 gouttes.

Retriturez jusqu'à parfaite incorporation.

Beaucoup de parfumeurs remplacent l'orcanette par du carmin, afin que la pommade ait une couleur rouge plus vive. Beaucoup ne prennent pas la peine de passer leur pommade au mortier, et la coulent, tout bonnement, dans des petites boîtes; aussi est-elle inférieure à la première.

Pommade camphrée.

Graisse préparée.. . . . . 250 gram.
Blanc de baleine., ... 50

Cire blanche. . . . . 30 gram.
Huile d'amandes douces.. 250

Faites fondre au bain-marie; coulez dans un mortier de marbre. Laissez refroidir, et lorsque la masse est complétement figée, promenez légèrement le pilon sur la superficie et triturez ainsi, jusqu'à ce que vous soyez parvenu à obtenir une pommade bien liée et sans grumeaux; alors ajoutez :

Camphre. . . . . 15 gram.

On doit préalablement faire dissoudre le camphre, en le broyant avec quelques gouttes d'alcool, puis on l'incorpore à la pommade.

Pommade au beurre de cacao.

Graisse préparée.. . . . . 250 gram.
Huile d'amandes.. 150
Beurre de cacao.. 500

Faites fondre, coulez dans un mortier et triturez comme il a été dit précédemment; aromatisez avec essence de vanille.

Pommade astringente
DITE VIRGINALE OU DE LA COMTESSE.

Noix de galle. . . . . 30 gram
Noix de cyprès. 30
Écorce de grenade.. 30
Sumac.. 30
Huile de myrte. 100
Pommade rosat. 600

Faites bouillir les substances végétales concassées dans cinq cents grammes d'eau commune. Continuez l'ébullition jusqu'à réduction des trois quarts. Passez avec expression et opérez le mélange du produit exprimé avec la pommade et l'huile, en triturant dans un mortier de marbre. Aromatisez avec l'essence de votre choix.

Une pommade astringente, beaucoup plus simple, est la suivante.

Pommade au tannin.

Pommade rosat.	500 gram.
Tannin..	4
Sulfate de zinc pur.	1

Faites dissoudre le sulfate de zinc dans eau distillée de roses, puis le tannin ; versez dans un mortier sur la pommade et triturez jusqu'à parfaite incorporation.

Pommade contre les insectes du cuir chevelu.

Poudre de staphisaigre..	5 gram.
Graisse préparée.	15

Incorporez la poudre dans la graisse.
L'onguent mercuriel détruit également ces insectes.

Pommade au goudron.

Graisse préparée.	30 gram.
Goudron.	2

En ajoutant un peu de camphre, on masque légèrement l'odeur tenace du goudron.

Pommade soufrée contre les farines de la peau.

Soufre sublimé et lavé à l'eau de roses.. . 125 gram.
Cold-cream.. 35

Triturez dans un mortier de marbre jusqu'à parfait mélange et ajoutez :

Eau de laurier-cerise.. . . . . 50 gram.

Retriturez pour bien incorporer.

Pommade pour coller les faux toupets.

Colle de poisson.. . . . . 30 gram.
Eau.. 250

Faites fondre et ajoutez :

Alcool.. . . . . 250 gram.
Teinture de benjoin. 50
Térébenthine.. 60

Placez au bain-marie et opérez le mélange.

Autre pommade pour le même emploi.

Baume d'Arcéus.. . . . . 60 gram.
Cire.. 15

Faites fondre au bain-marie, battez ensuite en aromatisant avec

Essence de bergamote. . . . . 15 gram.

SECTION IV

DÉPILATOIRES

Poudre épilatoire des parfumeurs.

Chaux vive pulvérisée.	50 gram.
Iris en poudre..	60
Orpiment..	4

Mélangez ces substances et passez-les au tamis fin. Lorsque vous voudrez vous en servir, délayez suffisante quantité de cette poudre dans un peu d'eau, et appliquez sur la partie velue; au bout d'un moment frottez et le poil tombera.

Autre dépilatoire.

Chaux vive.	16 gram.
Orpiment..	1
Amidon.	10

Faites une poudre que vous conserverez dans des flacons bouchés à l'émeri.

Pour s'en servir on délaye la poudre avec de l'eau, ainsi qu'il a été dit précédemment, et on l'applique sur le poil; dès que la pâte commence à sécher, on l'enlève avec de l'eau, et le poil tombe en même temps.

Dépilatoire des Turcs.

Chaux vive..	8 gram.
Orpiment.	1

On délaye cette poudre avec un mélange de lessive des savonniers et de blanc d'œuf; elle s'applique de même que les autres.

Dépilatoire sulfuré de chaux

OU SULFHYDRATE DE CHALCIQUE VERT.

Ce dépilatoire est regardé, par les chimistes, comme le meilleur de tous ceux connus et le moins nuisible à la peau. Il en lève le poil beaucoup mieux que les précédents; mais il se conserve fort peu, et perd ses propriétés en vieillissant. Il se prépare en faisant passer un courant de gaz hydrogène dans un lait de chaux.

Dépilatoire au sulfhydrate de soude.

Chaux vive en poudre.	250 gram.
Amidon.	350
Sulfhydrate de soude..	100
Eau filtrée..	500

Faites dissoudre le sulfhydrate dans l'eau, jetez la chaux et l'amidon dans un mortier de marbre, et triturez en ajoutant peu à peu la solution de sulfhydrate de soude; broyez jusqu'à ce que vous ayez obtenu une bouillie liquide sans grumeaux. Versez ensuite dans des flacons de verre bleu bouchés à l'émeri.

Ce dépilatoire est, sans contredit, le meilleur, le plus efficace et le moins nuisible de tous. Mais il faut le conserver hermétiquement bouché et à l'abri de la lumière. Il suffit, pour enlever le poil, d'étendre cette bouillie sur la partie velue, et, au moment même où l'on éprouve un léger picotement, de l'enlever avec le bout d'une serviette mouillée.

Pommade dépilatoire.

Térébenthine de Venise.. . . . . 100 gram.
Poix-résine.. 90

Faites fondre et conservez dans l'eau.

Lorsqu'on veut s'en servir, on en prend la quantité nécessaire, et avec les doigts préalablement graissés, on en forme une plaque d'une ligne d'épaisseur qu'on applique sur la partie poilue; un instant après, on la retire brusquement, et les poils sont arrachés. (*Voyez aux Produits nouveaux.*)

CHAPITRE XVII

DES BLANCS ET DES ROUGES DE FARD

SECTION I

DES BLANCS.

La parfumerie, qui s'est montrée jusqu'ici très-féconde en produits odorants, se trouve tout à fait stérile et arriérée sur la question des blancs de fard. Elle ne fabrique généralement que des blancs plus ou moins nuisibles à la peau et souvent fort dangereux pour la santé. En effet, ce sont toujours des sels de *plomb* ou de *bismuth*, de *baryte* ou de *zinc*, qui servent de base à ces blancs décorés de noms attrayants et d'épithètes menteuses. Le parfumeur chimiste qui aime son art doit se livrer à de longues études pour découvrir un blanc composé de substances inoffensives. Nous verrons plus loin que cette précieuse découverte devait être la récompense des travaux opiniâtres de M. Ed. Pinaud, qui a bien mérité de l'hygiène et de la toilette.

Blanc de perles en trochisques.

Bismuth purifié. . . . . 500 gram.
Acide nitrique ou azotique.. 3,000

Faites réagir à froid, puis à chaud; après avoir laissé reposer, décantez; faites ensuite évaporer aux deux tiers et versez la liqueur dans cinquante fois son poids d'eau. Il se précipitera une matière blanche qui est le sous-nitrate de bismuth ou blanc de perles; lavez à grande eau ce blanc, jusqu'à ce qu'il soit privé de toute acidité, et lorsqu'il commencera à sécher, faites-le passer à travers un entonnoir de verre pour le monter en trochisques, que vous ferez sécher à l'abri de la poussière.

Blanc de perles liquide.

Sous-nitrate de bismuth.. . . . . 500 gram.
Eau distillée. 1,500

Délayez les trochisques de bismuth dans un mortier de marbre, en ajoutant peu à peu l'eau, et quand la masse est parfaitement mêlée, versez dans des bouteilles de verre blanc.

Blanc d'argent.

Ce blanc, auquel on a donné quelquefois le nom de blanc de neige, n'est autre que de la céruse ou carbonate de plomb. Toujours nuisible à la peau et à ses dépendances, ce blanc peut occasionner aussi de graves accidents et compromettre la vie. La parfumerie honnête l'a rejeté de sa vente, mais le charlatanisme avide le vend encore décoré d'une brillante épithète. Nous ne saurions trop engager les dames à faire analyser leurs blancs avant de s'en servir. Nous leur donnerons pour exemple la préparation suivante, qui s'est vendue et se vend peut-être encore, au grand détriment de leur fraîcheur et de leur santé.

CE BLANC EST COMPOSÉ DE DEUX FLACONS CONTENANT UNE EAU LIMPIDE.

Premier flacon.

Solution filtrée d'acétate de plomb.

Deuxième flacon.

Solution légère de carbonate de soude dans l'eau de roses.

Remplissez à moitié un verre de la liqueur du premier flacon; puis versez-y la valeur de deux cuillerées de la liqueur du second flacon. Aussitôt il se précipitera une matière d'un très-beau blanc, qui n'est autre chose que du carbonate de plomb. Et c'est ce blanc qu'on ose vendre comme excellent pour la peau ! Et la police sanitaire ignore cette coupable industrie !

12.

Blanc de neige.

```
Oxyde de zinc lavé.. . . . . . . . . . .    500 gram.
Talc à la prêle. . . . . . . . . . . .      100
Eau distillée. . . . . . . . . . . . . .  1,500
```

Broyez en ajoutant l'eau peu à peu, et quand vous aurez une liqueur parfaitement délayée, versez dans des flacons de verre. — Ce blanc, quoique durcissant l'épiderme, est moins nuisible que les autres. C'est cette préparation que vendent les marchands de blancs *brevetés*, sous différents noms, plus ou moins attrayants, mais au fond c'est toujours la même substance.

Blanc de Talc.

```
Talc en poudre impalpable.. . . . . . .     500 gram.
Vinaigre distillé.. . . . . . . . . . .   1,500
```

Versez le talc et le vinaigre dans un matras et laissez digérer pendant quinze jours, en agitant plusieurs fois par jour. Filtrez ensuite et lavez jusqu'à ce que l'eau n'offre plus d'acidité; puis vous l'exprimerez fortement dans un linge blanc : jetez ensuite le talc dans un mortier de marbre et broyez-le avec un peu d'eau savonneuse légèrement gommée. Lorsque le tout sera réduit en pâte, remplissez des pots de porcelaine et faites sécher à l'abri de la poussière.

Blanc de baryte
BLANC DE CYGNE.

```
Sulfate de baryte. . . . . . . . . . .    300 gram.
```

Oxyde de zinc.. . . . . 500 gram.
Talc à la prêle. 150

Opérez le mélange dans un mortier avec eau filtrée, puis versez dans des flacons de verre.

Ce blanc est peut-être plus doux que les précédents, mais il est dangereux lorsqu'on l'applique sur un visage qui a des boutons ou des excoriations; car le sulfate de baryte est un poison, dont se servent les Anglais pour empoisonner les rats.

Blanc onctueux en pommade.

Sous-nitrate de bismuth... . . . . 50 gram.
Cold-cream. 60

Broyez dans un mortier, de manière à faire une pommade bien liée.

Certains parfumeurs emploient le zinc au lieu du bismuth; d'autres, la céruse ou la baryte. Les crèmes du Cattay, du Liban, des Géorgiennes, etc., sont des préparations analogues. Ces blancs graissent le linge, ne tiennent pas et donnent à la peau un aspect huileux des plus désagréables.

Un malheur, une plaie pour la parfumerie et surtout pour les consommateurs, c'est ce grand nombre d'industriels *marrons* qui s'intitulent parfumeurs chimistes et ne sont, en réalité, que des ignorants. Ces inventeurs de secrets merveilleux achètent le plus souvent leurs produits chez les vrais parfumeurs, et si parfois ils les fabriquent eux-mêmes, c'est toujours la même eau, la même pommade, le même blanc, avec cette différence néanmoins, que les produits sortant des bonnes maisons de parfumerie sont bien préparés, tandis que les produits des *marrons* sont toujours défectueux. Nous avons eu occasion, dans maint endroit de notre ouvrage, de relater les formules de cette catégorie d'inventeurs qui n'ont pas craint de prendre des brevets pour des découvertes absurdes et des secrets surannés.

Poudre de riz.

La poudre de riz, très à la mode parmi les femmes, a l'inconvénient d'absorber l'humidité de la peau, de la dessécher et de prédisposer à des rides précoces. Nous pensons qu'elle est désavantageuse à la fermeté, à la souplesse des chairs, et qu'on ne doit jamais en abuser. Il faut dire ensuite que les farines vendues sous le nom de poudre de riz ne sont point composées de riz seulement; le plus souvent elles sont mélangées de talc, d'amidon et même de carbonate de chaux. L'industrie ne pèche point par un excès de moralité; c'est le gain qu'elle cherche, peu lui importe s'il est illicite. Or nous conseillons aux dames qui ne peuvent se passer de poudre de riz de les faire analyser avant de s'en servir, c'est un conseil des plus utiles à leur fraîcheur que nous leur donnons.

Poudres de perles.

Sous ce nom séduisant, c'est encore un mélange d'amidon, de talc et de carbonate de chaux que l'on vend ; nous invitons les consommateurs à y prendre garde.

SECTION II

DES ROUGES DE FARD.

La parfumerie emploie plusieurs espèces de rouges dans la composition de ses fards : le carthame, la cochenille, la garance, le géranium sanguin, la grande célandine, etc., mais les plus usités sont le carthame et la cochenille.

De la carthamine

OU PRINCIPE COLORANT ROUGE DU CARTHAMUS TINCTORIUS.

MANIÈRE DE L'OBTENIR.

Lessivez à froid les fleurs de carthame avec de l'eau légèrement acidulée ; continuez le lavage jusqu'à ce que l'eau ne soit plus colorée en jaune. Alors, exprimez les fleurs à travers un linge et mettez les dans un vase de verre ou de porcelaine bien propre. Arrosez-les avec une solution de carbonate de soude et laissez-les digérer ainsi pendant une heure. Plongez ensuite un écheveau de coton dans la solution et ajoutez du suc de citron ou de l'acide citrique. La matière colorante dissoute par l'alcali est mise en liberté par l'acide et se dépose sur le coton. Lavez ensuite l'écheveau de coton à l'eau froide, puis redissolvez la carthamine, qui colore votre eau de lavage, en ajoutant du carbonate de potasse ; enfin reprécipitez de nouveau la carthamine par du jus de citron ; laissez reposer ; décantez et filtrez le dépôt, qui vous donnera le rouge de carthame dans toute sa pureté.

De la garancine

OU ROUGE DE GARANCE. — MANIÈRE DE L'OBTENIR.

Lavez la racine triturée de garance dans l'eau froide : après ce lavage, épuisez-la par une solution bouillante d'alun concentrée ; filtrez la liqueur chaude et laissez déposer. Décantez le liquide rouge qui surnage et versez-y suffisante quantité d'acide sulfurique pour l'aciduler, puis laissez en repos. Au bout de quelques jours il s'est déposé un précipité rouge qu'on recueille, c'est la garancine ou principe pourpre de la garance. Lavez ce précipité, d'abord à l'eau froide et ensuite avec de l'acide chlorhydrique pour dissoudre l'alumine qu'il pourrait contenir. Décantez de nouveau et relavez à l'eau froide. Filtrez, et enfin dissolvez dans l'alcool. Après quelque temps, la solution alcoolique laisse déposer une poudre cristalline rouge-orange qui, étant traitée par un alcali, passera au plus beau rouge.

Du carmin.

Le carmin se tire de la cochenille par plusieurs procédés ; nous ne décrirons que le plus usité en parfumerie.

Faites bouillir dans dix litres d'eau une livre de cochenille pulvérisée; remuez bien avec une spatule, et, lorsque par l'ébullition la cochenille menace de déborder la chaudière, versez de temps à autre un peu d'eau froide pour modérer l'ébullition. — Laissez bouillir pendant trente minutes.

Vous aurez fait dissoudre à l'avance trente grammes de sous-carbonate de soude dans un litre d'eau chaude, et verserez cette solution sur votre cochenille, en remuant bien la masse avec la spatule; vous donnerez encore cinq à six bouillons. Après cela, vous retirerez la bassine du feu et y jetterez trente-cinq grammes de sulfate acide d'alumine; vous remuerez en tous sens pour en faciliter la dissolution et le mélange. Cela fait, vous laisserez reposer pendant vingt-cinq à trente minutes. Il se formera un précipité rouge composé d'alumine combinée à la matière colorante; c'est le carmin impur du commerce.

Vous décanterez la liqueur rouge qui surnage et la viderez dans une autre bassine fraîchement étamée. Placez cette bassine sur le feu, et versez-y deux blancs d'œufs bien fouettés dans un demi-litre d'eau. Agitez vivement le liquide avec la spatule et remuez en tous sens. Lorsque l'ébullition aura lieu, le blanc d'œuf se coagulera et se précipitera en entraînant la matière colorante. Retirez du feu votre bassine, et laissez en repos pendant une demi-heure; alors vous décanterez le liquide et apercevrez le carmin uni à l'albumine sous forme de bouillie. — Mettez cette bouillie sur un filtre de toile et laissez égoutter. Lorsque le carmin aura acquis la consistance de fromage à la crème, enlevez-le avec une spatule ou une cuiller d'ivoire et étendez-le sur des assiettes de porcelaine, que vous couvrirez d'un papier blanc, puis vous le mettrez sécher à l'étuve. Après sa dessiccation complète, vous le broierez sur un marbre et le tamiserez au tamis fin.

Tel est le mode de préparation qui fournit le meilleur carmin pour les rouges de fard.

On utilise le marc ou dépôt qui est resté dans la première bassine en le faisant de nouveau bouillir et le traitant par le carbonate de soude. Cette seconde opération vous donnera nécessairement une liqueur rouge que vous décanterez comme la première fois et que vous précipiterez par l'alun. Vous obtiendrez encore une petite quantité de matière colorante que vous pourrez utiliser.

De la carmine.

Le nom de carmine a été donné à la matière colorante purifiée de la cochenille. Il est très-difficile de l'obtenir à l'état de pureté parfaite. Le procédé chimique suivi pour l'obtenir à cet état est le suivant :

Traitez la cochenille pulvérisée par l'éther, qui dissoudra les matières grasses qu'elle contient; traitez ensuite votre cochenille par l'alcool bouillant pour dissoudre la carmine, qui se déposera par le refroidissement. Vous purifierez votre carmine en la redissolvant de nouveau dans parties égales d'éther et d'alcool. La carmine se déposera lentement sous forme de petites granulations d'un beau rouge pourpre. — Les acides faibles avivent la couleur du carmin; les alcalis la font virer au violet.

De la brésiline.

On nomme ainsi la matière colorante du bois de Brésil. On l'obtient en traitant la décoction de ce bois par l'hydrate de protoxyde de plomb et l'acide sulfhydrique. — Si l'on fait bouillir du bois de Brésil et qu'on ajoute à la décoction du bichlorure d'étain, on obtient un précipité d'un très-beau rouge. Si l'on ajoute encore une certaine quantité d'acétate de cuivre, la couleur rouge devient plus intense. Le précipité doit être lavé pour le priver de son acidité.

SECTION III

DES DIVERSES FORMES DE ROUGE.

Les rouges se préparent sous diverses formes: — 1° en poudre; — 2° en pommade; — 3° en crépons; — et 4° en liqueur.

Le rouge en *poudre* s'applique au moyen d'un petit tampon de batiste ou de mousseline très-fine. — Le rouge en *pommade* se met à l'aide du doigt, en frottant jusqu'à ce qu'il soit bien étendu et qu'il n'offre plus un aspect gras. — Le rouge en *crépons* sont des morceaux de crêpes de soie saturés de carmin ou de carthame, avec lesquels on frotte légèrement les joues jusqu'à ce que la couleur soit uniformément étendue. — Le rouge *liquide* est le plus brillant, mais le plus nuisible à la peau, en raison des sels divers qui entrent dans sa composition.

Nous pensons donc que les dames ne devraient faire usage que des rouges en poudre ou en pommade, dont nous allons indiquer la préparation.

Rouge au carmin

(EN POT).

```
Carmin en poudre. . . . . . . . . . .    8 gram.
Talc impalpable. . . . . . . . . . . .  120
```

Délayez le carmin dans un mortier de porcelaine, avec un peu d'eau filtrée ; mettez ensuite le talc, et triturez pour bien opérer le mélange et former une pâte épaisse ; versez dix à quinze gouttes de solution claire de gomme adragante ; puis, en triturant toujours, ajoutez six gouttes d'huile d'amandes ou de ben. Continuez à battre votre pâte jusqu'à ce que le tout soit homogène et de bonne consistance.

Mettez dans des pots de porcelaine, fabriqués pour cet usage, et faites sécher à l'étuve, à l'abri de la poussière. Ce rouge est le plus vif ; il constitue la première *nuance*. On obtient les nuances au-dessous au moyen des différentes proportions de talc, dont voici le tableau :

DEUXIÈME NUANCE.

Pour 8 grammes de carmin, employez 135 grammes de talc.

TROISIÈME NUANCE.

Pour 8 grammes de carmin, employez 150 grammes de talc, 20 gouttes de solution gommée et 8 gouttes d'huile.

QUATRIÈME NUANCE.

Pour 8 grammes de carmin, employez 165 grammes de talc, 25 gouttes de solution gommée et 10 gouttes d'huile.

On peut, en augmentant ainsi les proportions de talc, de solution de gomme adragante et d'huile, obtenir une série de nuances jusqu'à la plus pâle.

Le rouge en poudre se fabrique de la même manière, mais on diminue la quantité des gouttes d'huile et l'on n'emploie pas la solution gommée.

Le rouge au carmin, étant plus vif que le rouge végétal, sert généralement aux artistes des théâtres. Le rouge pour la ville se fabrique avec le carthame ou la garance, ainsi qu'il suit :

Rouge végétal
(EN POT).

Carthamine en poudre. . . . .   8 gram.
Talc impalpable.   100

Triturez dans un mortier de porcelaine, avec un peu d'eau distillée, comme il a été dit précédemment, avec les mêmes quantités d'huile et de solution de gomme adragante. La préparation pour les nuances se fait avec des proportions semblables à celles énoncées ci-dessus.

On voit que le rouge de carthame en poudre se prépare de la même manière que le rouge en pommade, à

l'exclusion, toutefois, de l'huile et de la solution gommée.

Rouge liquide
(N° 1).

Alcool à 36°. . . . . 125 gram.
Eau distillée. 60
Carmin. 1
Ammoniaque liquide. . . . . 5 décig.
Acide oxalique. 3
Sulfate d'alumine. 3
Baume de la Mecque.. 5

Faites dissoudre à part le baume dans l'alcool;
d'autre part, dissolvez le carmin dans l'ammoniaque,
en ajoutant un peu d'eau distillée; enfin, dans un troisième vase, mêlez l'alcool, l'eau distillée qui vous reste,
l'acide oxalique et le sulfate d'alumine; laissez digérer quelques heures, en agitant de temps à autre; et,
quand la solution sera complète, versez votre carmin
dans ce troisième vase; agitez, laissez déposer pendant
dix à quinze minutes; décantez et conservez le liquide
dans des flacons bien bouchés.

Autre rouge liquide
(N° 2).

Cochenille pulvérisée. . . . . 30 gram.
Crème de tartre. 30
Sel de tartre. 30
Alun. 30
Eau filtrée.. 250

Faites bouillir la cochenille et le sel de tartre dans

l'eau ; après quelques bouillons, ajoutez l'alun et la crème de tartre ; passez à travers une étamine et mettez en flacons.

Autre rouge liquide
(N° 3).

Sel d'oseille.	1 gram.
Eau distillée.	500
Alcool.	30
Carmin.	1
Ammoniaque liquide.	5 décig.

Faites dissoudre le sel d'oseille dans l'eau distillée ; délayez à part le carmin avec l'ammoniaque ; ajoutez l'alcool, puis mêlez le tout dans un vase en verre ou en porcelaine, en remuant pour bien opérer le mélange.

On fait également, avec le rouge liquide, diverses nuances de fard, en le délayant avec du talc et ajoutant du mucilage et quelques gouttes d'huile.

La première nuance se fait avec :

Talc impalpable.	120 gram.
Liqueur carminée.	16

La deuxième, nuance :

Talc.	120 gram.
Liqueur carminée.	12

La troisième nuance :

Talc.	120 gram.
Liqueur carminée.	8

La quatrième nuance :

Talc. . . . . 120 gram.
Liqueur carminée.   6

Et ainsi de suite, jusqu'à la couleur rose très-pâle, qui n'exige qu'un gramme de liqueur pour cent vingt de talc.

Rouge foncé au Brésil.

Laque de bois de Brésil. . . . .   500 gram.
Eau filtrée. 1,500
Suc de citron. . . . . quant. suffisante.

Faites dissoudre la laque dans l'eau, puis versez le suc de citron jusqu'à ce que la matière colorante soit précipitée. Filtrez ; enlevez le dépôt du filtre, et conservez-le pour l'usage.

Le rouge liquide au Brésil se prépare en faisant dissoudre ce dépôt dans l'eau distillée.

Le rouge en pot se fait en broyant ce même dépôt avec le talc à la prêle. Le rouge de Brésil ne s'emploie guère que pour le théâtre.

CHAPITRE XVIII

DES SAVONS.

Avant la découverte du savon, le nettoyage des tissus s'opérait, chez les anciens peuples, avec des terres argileuses et diverses plantes, telles que la saponaire, le bulbe de l'arum, etc., qui recèlent une forte proportion de saponine.

L'invention du savon est attribuée à nos ancêtres les Gaulois. Ils préparaient leurs savons avec une lessive de cendres et du suif. Les Romains perfectionnèrent sa fabrication et en firent une branche importante d'industrie. On a découvert dans les ruines de Pompéïa une savonnerie avec des ustensiles et des baquets remplis de savon. D'autres attribuent la découverte du savon à la femme d'un pêcheur du village de *Savone*, dans les États de Gênes.

Quoi qu'il en soit, ce produit était connu des Romains, comme nous venons de le voir. La civilisation moderne a perfectionné sa fabrication et l'a rendu indispensable aux usages domestiques.

Il ne sera peut-être pas indifférent à nos lecteurs de trouver ici une petite instruction sur la fabrication des savons; car, à une époque de progrès telle que la nôtre, il est bon de savoir une foule de choses qui trouvent à chaque instant leur application dans la vie.

Le mot savon, chimiquement parlant, désigne le corps formé par la réaction d'un oxyde alcalin, terreux ou métallique, sur les principes immédiats des corps gras. En d'autres termes, le savon est le résultat de la combinaison chimique des corps gras avec les alcalis.

Les savons diffèrent entre eux par la nature des principes gras qui entrent dans leur composition. Ces principes sont : l'*oléine*, la *stéarine*, la *butyrine*, l'*hyrcine*, la *phocénine*, la *cétine*, la *cholestrine*, et l'*éthal*.

— Les combinaisons diverses de ces principes avec les alcalis les ont fait diviser en quatre groupes :

1° Les principes sur lesquels les alcalis n'exercent point d'action : — la *cholestrine* et l'*éthal;*

2° Ceux que les alcalis convertissent en *glycérine*, en acides *margarique, oléique* et *stéarique :* — la *stéarine* et l'*oléine;*

3° Ceux que les alcalis transforment en acides *oléique, margarique* et en *éthal :* — la *cétine* et la *cérine;*

4° Ceux enfin qui, étant distillés, se changent en *glycérine*, en acide *volatil*, en acides *oléique* et *margarique :* — comme la *butyrine*, la *phocénine*, et l'*hyrcine.*

Les savons, à base de soude ou de potasse, fournis par les principes du deuxième groupe, étant les seuls qui soient parfaitement solubles dans l'eau, servent à nos usages journaliers. La soude donne les savons durs; la potasse les savons mous, quel que soit le corps gras qui ait servi à leur composition.

MANIÈRE D'OPÉRER POUR FAIRE LE SAVON.

Nous avons dit que tout savon était dû à la combinaison d'un alcali avec un corps gras; or il faut, d'un côté, prendre un corps gras, et, de l'autre, préparer une solution de protoxyde de soude ou de potasse, à laquelle on a donné le nom de lessive des savonniers. Voici comment on prépare cette lessive :

Soude ou potasse.	5 parties.
Eau.	5
Chaux vive.	1

Faites fondre à un feu doux les trois parties de soude dans les cinq parties d'eau ; — faites déliter la chaux à part, dans une terrine, en projetant, par intervalle, juste l'eau nécessaire pour la réduire en poudre. Lorsque la chaux est parfaitement délitée, versez dessus la solution de soude ou de potasse ; agitez pendant quelque temps, puis laissez reposer. Tirez ensuite le liquide au clair : c'est la première lessive.

Cette première lessive tirée, on ajoute une nouvelle quantité d'eau ; on remue de nouveau et on laisse déposer : puis on tire au clair la seconde lessive. On peut faire ainsi une troisième et quatrième lessive.

La première lessive doit marquer de vingt-cinq à trente degrés ; — la deuxième lessive de douze à dix-huit degrés ; — la troisième lessive de huit à dix degrés ; — la quatrième de deux à cinq degrés.

Ces lessives ont la propriété de convertir les huiles et graisses en acides gras, pour former avec eux des oléates, des margarates et des stéarates de soude ou de potasse parfaitement définis ; aussi la saponification est-elle considérée comme une véritable combinaison chimique et le savon comme le mélange intime de plusieurs sels ayant la même base.

Pour donner au lecteur une idée plus nette de la saponification, nous décrirons l'opération à la petite chaudière, pour obtenir le *savon blanc animal*.

La lessive étant préparée, on fait fondre doucement

dans une chaudière de tôle forte, et mieux de fonte, une certaine quantité de graisse épurée, cinquante kilogrammes, par exemple ; lorsqu'elle est à peu près fondue, on verse :

Lessive de 8 à 10°. . . . . 25 kilog.

On remue constamment, avec une spatule, sans faire bouillir. Au bout d'une heure, on élève le feu, et, quand la masse commence à donner des signes d'ébullition, on la rafraîchit avec :

Lessive à 15°. . . . . 25 kilog.

Qu'il est indispensable de verser par petites quantités pour empêcher la masse de déborder par le bouillonnement. La saponification s'effectue et le savon formé se dissout dans l'eau. On emploie la solution de soude à un degré faible, parce qu'à un degré plus élevé la saponification n'aurait point lieu ou serait imparfaite. Cette première opération, qui dure ordinairement trois heures, se nomme *empâtage*.

Pour enlever l'excès d'eau employée, on ajoute peu à peu une lessive de soude, tenant en dissolution une forte proportion de sel marin. Le savon étant insoluble dans l'eau salée, il se sépare bientôt ; alors on soutire le liquide, et, après avoir fait écouler l'excès d'eau, on ajoute une nouvelle lessive, plus concentrée et contenant toujours du sel marin. On brasse la pâte et on la maintient en ébullition pendant quelque temps, puis on laisse reposer et l'on soutire de nouveau le liquide.

Enfin, lorsque la pâte est bien liée, homogène, on verse :

Lessive à 30°. . . . . 12 kilog. 1/2.

On chauffe de nouveau, et l'ébullition est soutenue pendant deux heures. Lorsque la masse ne contient plus d'alcali libre, on laisse déposer et l'on soutire. Alors l'opération est terminée. On coule la masse dans des mises, couvertes d'une toile saupoudrée d'un mélange de chaux et d'amidon.

Le lendemain on lève le savon de la *mise* pour le placer sur la *tranche*, où il reste quelques jours à sécher; puis on le met en briques ou en tables pour le livrer au parfumeur.

Tel est le mode employé pour la préparation dite *à la petite chaudière*. Mais, quand on agit sur des masses de plusieurs quintaux, on opère différemment. La différence du procédé consiste à séparer le savon de la *lessive épuisée*, par une lessive chargée de sel marin ; alors l'opération est dite *à la grande chaudière*.

Les savons d'huile, à base de soude, se fabriquent, en grand, dans le midi de la France, et particulièrement à Marseille. — Les savons de graisse ou de suif se fabriquent généralement dans le Nord. — En Angleterre on fabrique une énorme quantité de savons au suif et à la résine.

DES SAVONS DE TOILETTE.

Les savons de toilette doivent être fabriqués avec des

matières de premier choix, ce qui ne se fait pas toujours, à cause de la cupidité qui s'est emparée de l'industrie moderne.

Le savon brut étant fabriqué, il s'agit de le transformer en savon de toilette. Cette transformation exige une série d'opérations minutieuses, dont voici la description sommaire :

On place le savon brut ou en briques sur la *découpeuse* d'une machine à broyer, qui le taille en copeaux ; ces copeaux passent ensuite entre deux cylindres de porphyre et sont réduits en feuille mince. On brise cette feuille et on l'humecte avec de l'eau de rose ; on enlève la découpeuse, et l'on repasse le savon aux cylindres, que l'on a préalablement resserrés.

Alors on divise de nouveau les feuilles de savon avec une spatule ; on y ajoute par petites quantités les essences ou parfums, on les incorpore en remuant en tous sens, et on repasse la masse deux autres fois encore au moulin.

Enfin, on prend trois kilogrammes de masse environ, que l'on pile fortement dans un mortier de marbre jusqu'à ce qu'elle forme une calotte qui se détache d'elle-même et d'une seule pièce. On en fait des pesées équivalentes au poids du pain de savon à débiter, c'est-à-dire soixante grammes pour le petit modèle, quatre-vingt-dix grammes modèle moyen, et cent vingt-cinq grammes grand modèle. On les pelote sur un marbre et on les porte au séchoir. Quand les pelotes sont sèches, on en détache légèrement la superficie, de même qu'on zesterait un citron ; on les enferme dans un moule en cuivre, formé de deux pièces, et on les soumet à la pression d'un balancier.

La manière d'envelopper les pains de savon pour les livrer au commerce n'est pas indifférente : mal enveloppés, leur parfum s'évapore ; mais, s'ils sont mis sous trois enveloppes, la première en papier de soie, la deuxième en feuille d'étain et la troisième en papier glacé, leurs odeurs se conservent fort longtemps.

FORMULES D'ODEURS POUR LES SAVONS.

Parfum à la rose.

Essence de roses. . . . . 12 gram
— de néroli. 8
— de cannelle. 4
— de géranium. 15
— de bergamote.. 15

Incorporez dans un kilogramme de pâte de savon.

Autre parfum à la rose.

Essence de roses . . . . 8 gram.
— de géranium. 30
— de girofle. 15
— de cannelle.. 5

On colore le savon en rouge avec du vermillon.

Parfum d'amandes amères.

Essence d'amandes amères. . . . . 32 gram.
— de bergamote.. 45

Autre parfum amer.

Essence de mirbane.	45 gram.
— de cannelle.	10
— de bergamote.	25

A la fleur d'oranger.

Essence de néroli	32 gram.
— de géranium.	25

Aux fleurs d'Italie.

Essence de citronnelle.	25 gram.
— de verveine.	14
— de menthe.	12

Au bouquet des Alpes.

Essence de menthe.	15 gram.
— de sauge.	15
— de thym.	15
— de lavande.	10
— de romarin.	10
— de serpolet.	10

Au benjoin.

Teinture de benjoin.	500 gram.

pour six kilogrammes de savon.

Parfum de Windsor.

Essence de carvi.	15 gram.
— de thym.	8
— de girofle.	8
— de bergamote	30

Savon de Palme.

Essence de cannelle. . . . . 12 gram.
   —   de girofle.   8
   —   de lavande. 15
   —   de bergamote.. 30

De la Compagnie des Indes.

Essence de macis. . . . . 15 gram.
   —   de cannelle. 30
Baume du Pérou. 40
Beurre de muscades. 60

A la guimauve.

Essence de girofle. . . . . 10 gram.
   —   de cannelle.   5
   —   de Portugal. 15
   —   de thym. 15

A la vanille.

Teinture de vanille. . . . . 500 gram.

pour dix kilogrammes de pâte de savon.

A la vanille composée.

Teinture de vanille. . . . . 250 gram.
Essence de roses.   4
Teinture d'ambrette.   8
   —   de musc.   4

Au patchouli.

Essence de patchouli. . . . . 10 gram.
   —   de bergamote 32
Teinture de musc.   4

Savon camphré.

Essence d'amandes.	60 gram.
Teinture de benjoin.	40
Camphre.	10

Savon de Naples.

Beurre de cacao.	15 gram
— de muscade.	15
Essence de bergamote.	15
— de girofle.	15
— de néroli.	10
— de laurier-cerise.	8
— de thym.	10

Savon léger.

C'est en fouettant la pâte de savon dans une chaudière qu'on obtient cette sorte de savon ; on ajoute de l'eau salée et l'on fouette de nouveau jusqu'à ce que la pâte gonfle et monte aux bords de la chaudière. Plus il y a d'eau et d'air introduits dans la pâte, plus le savon est mousseux et léger.

Savon transparent.

Cette sorte de savon, agréable aux yeux par sa transparence, mais d'un très-mauvais usage, se fabrique avec du savon animal rendu anhydre par la chaleur de l'étuve. On place dans la cucurbite d'un alambic ordinaire parties égales de ce savon et d'alcool, on chauffe au bain-marie jusqu'à quatre-vingt quinze degrés seulement. La dissolution du savon s'opère; on laisse déposer, et au bout de quelques heures on coule dans des mises en métal. On doit avoir soin, pour ne pas perdre d'alcool, de rafraîchir souvent le chapiteau et le serpentin, afin de condenser la portion d'alcool volatilisée qu'on recueille dans le récipient. Ce savon n'acquiert toute sa transparence qu'après sa complète dessiccation.

Lorsqu'on veut fabriquer le savon transparent en petite quantité, on se sert de la poudre de savon, qu'on traite à poids égal d'alcool; on fait dissoudre dans une bassine, et, après complète dissolution, on coule dans des moules.

Poudre de savon.

Coupez par morceaux très-minces du savon blanc, placez-le dans une bassine que vous mettrez sur un bain-marie qui ne devra pas s'élever à plus de quarante-cinq à cinquante degrés; remuez-le sans cesse jusqu'à dessiccation complète; puis jetez-le dans un mortier pour le réduire en poudre; enfin, passez-le au tamis.

Il faut parfumer le savon lorsqu'il est en pâte; car, si vous le parfumez quand il est en poudre, vous ne pourrez jamais obtenir une poudre bien blanche et une aussi agréable odeur.

Savon nacré, ou crème d'amandes.

Au moment de l'empâtage, si l'on pile fortement, dans un mortier, la pâte de savon et qu'on la batte longtemps, elle prendra cette forme nacrée qu'on lui connaît. Le nom de crème d'amandes amères lui vient de ce qu'on la parfume toujours avec des essences d'amandes amères.

Savon liquide.

Alcool..	2 litres.
Savon de Marseille râpé..	500 gram.
Potasse.	100

Faites fondre au bain-marie, en remuant toujours. Lorsque la dissolution sera opérée, vous laisserez reposer, et puis vous décanterez doucement, afin de ne pas troubler le dépôt. Si votre liquide n'était pas clair, il faudrait le filtrer. Ajoutez ensuite les essences pour le parfumer.

Essence fine de savon.

Esprit de jasmin..	250 gram.
— de cassie..	250
— de roses.	250
— de fleurs d'oranger..	200
— de tubéreuse.	150
— de vanille.	150
— d'ambrette.	200
Savon blanc râpé.	500
Potasse.	150
Eau de rose.	250

Faites fondre au bain-marie le savon et la potasse dans l'eau de rose; remuez sans cesse pendant la fusion. Lorsque le savon sera dissous, retirez du feu et versez dans la bassine vos esprits aromatiques, préalablement mélangés par une forte agitation. Délayez avec soin votre savon avec vos esprits, et, quand le tout formera un liquide homogène, laissez reposer, puis décantez et filtrez.

Savon arsenical

POUR CONSERVER LES DÉPOUILLES D'ANIMAUX.

Acide arsénieux.	320 gram.
Carbonate de potasse.	120
Savon de Marseille.	320
Chaux vive.	40
Camphre.	10
Eau distillée.	250

Faites bouillir l'acide et la potasse; lorsque la dissolution aura lieu, ajoutez le savon, puis la chaux en poudre, et enfin le camphre.

Il existe une grande variété de savons de toilette de toutes formes, de toutes couleurs et odeurs : mous, durs, opaques, transparents, nacrés, marbrés, en poudre, en pâte, liquides, demi-liquides, etc., etc., afin de fournir à tous les goûts. Ces savons sont décorés d'épithètes plus ou moins pompeuses auxquelles il ne faut pas se laisser prendre, et, si nous avions un conseil à donner, ce serait celui de se fournir de préférence chez les savonniers en réputation, parmi lesquels on distingue en première ligne M. Ed. Pinaud.

Les caractères distinctifs auxquels on peut reconnaître un bon savon de toilette sont ceux-ci : saveur très-légèrement alcaline; pâte onctueuse d'un grain fin et serré, se dissolvant parfaitement dans l'eau de rivière et dans l'alcool; odeur plus ou moins persistante, selon le genre de parfum employé par le parfumeur; enfin, un bon savon de toilette ne doit jamais se rancir, ni irriter ou rougir la peau.

Nous relevons, sur le prospectus de la maison Ed. Pinaud, la liste des savons de toilette les plus à la mode, afin que le lecteur puisse établir son choix.

Savon à la rose.
— à l'œillet.
— à la violette.
— à l'héliotrope.
— aux fleurs d'Orient.
— au magnolia.
— aux mille fleurs.
— au patchouli.
— au blanc de baleine.

Savon aux amandes amères.
— au lait d'amandes.
— à l'orange.
— à la bergamote.
— au benjoin-vanille.
— à la guimauve.
— au géranium rosat.
— au camphre.
— au suc de laitue.

NOTE SUR LE SAVON DERMOPHILE

Albumino-siliceux,

RÉCEMMENT DÉCOUVERT, ET SUPÉRIEUR A TOUS LES SAVONS CONNUS.

Le savon-ponce, qui eut, pendant quelque temps, sa réputation et sa mode, serait fort bon pour nettoyer les mains et les bras s'il n'occasionnait aux peaux délicates des rayures suivies de rougeurs et quelquefois de cuissons. Abandonné à cause de ce grave inconvénient, les dames demandèrent à la parfumerie un savon qui

nettoyât la peau sans l'endommager. Plusieurs industriels se mirent à l'œuvre sans pouvoir atteindre le
but désiré. Enfin, M. Ed. Pinaud, si connu par ses
excellents produits, après s'être activement occupé de
cette question, a obtenu un savon de toilette qui réunit
toutes les conditions désirables; non-seulement le *savon dermophile* débarrasse promptement la peau des
impuretés épidermiques et des taches les plus tenaces,
les plus mordantes, mais il donne encore à cette membrane la fraîcheur, le poli et le velouté qu'on chercherait vainement à obtenir avec tout autre.

CHAPITRE XIX

DES BAINS.

L'usage des bains remonte au berceau des sociétés
et se retrouve chez tous les peuples.

Un instinct naturel porte l'homme à se baigner,
soit dans un but hygiénique, soit dans un but médical.
Le même instinct existe chez les femmes, qui, en outre,
usent du bain comme moyen de donner de l'éclat et de
la fraîcheur à la peau et de relever leurs charmes.
C'est dans ce dernier but qu'ont été inventés les bains
cosmétiques, c'est-à-dire favorables à la beauté. Nous
ne parlerons que de ces derniers et donnerons les meilleures formules.

Bains composés, bains cosmétiques, callidermiques ou propres à embellir la peau.

Ces sortes de bains sont généralement ordonnés dans le but de conserver ou d'obtenir le poli, l'éclat et la fraîcheur de la peau. Ils se préparent en ajoutant à l'eau d'un bain ordinaire des substances propres à adoucir, à rafraîchir et à embellir l'enveloppe cutanée. Les voluptueuses princesses d'Asie, les Athéniennes, les Corinthiennes et les dames romaines faisaient un fréquent usage des bains cosmétiques.

Aspasie, Laïs et Phryné, ces types de la beauté et de la coquetterie grecques, se baignaient chaque jour dans une eau mucilagineuse aromatisée d'essences.

Cléopâtre, à qui l'on doit plusieurs recettes cosmétiques, composa des bains possédant presque les vertus de la merveilleuse fontaine de Jouvence.

Poppée, femme aussi célèbre par ses galanteries que Néron par ses cruautés, Poppée, afin de s'offrir plus attrayante aux yeux de ses admirateurs, prenait chaque jour un bain entier de lait, et élevait à cet effet cinq cents ânesses qu'on nourrissait d'herbes aromatiques. Cinq cents esclaves n'avaient d'autre occupation que de soigner ces animaux, de traire leur lait, et de préparer les bains de la princesse. Poppée, sortant du bain, était épongée, essuyée, poncée, massée et parfumée par les délicates mains de huit jeunes filles. Après le bain, elle était transportée sur un somptueux lit de repos, où elle restait environ une heure, enveloppée dans des draps qu'on avait préalablement exposés aux vapeurs de l'aloès et du benjoin. Aussi nulle autre femme n'égala cette voluptueuse princesse par la douceur de la peau, par son éclat et sa blancheur.

Un archéologue pour qui l'antiquité n'a rien de caché donne, dans un écrit, les preuves authentiques des faits que nous venons de rapporter. Il prétend que notre célèbre Ninon de Lenclos dut la conservation de ses charmes jusqu'à l'âge le plus avancé à l'usage des mêmes bains cosmétiques qui étaient à la mode parmi les beautés d'Athènes et de Rome ancienne. Il cite comme inventeur de ces bains Criton l'Athénien, si renommé jadis par son traité sur les cosmétiques. Une dame contemporaine, dont le mari joua un rôle dans notre première Révolution, âgée de plus de soixante ans, devrait à ces sortes de bains l'inappréciable avantage d'avoir conservé ses charmes aussi frais que ceux d'une femme de vingt ans.

Ainsi les bains cosmétiques, très-usités autrefois, sont trop négligés aujourd'hui; il n'y a guère que les dames parfaitement éclairées sur l'hygiène de la peau qui en font usage. Et, il faut le dire, cette indifférence pour un moyen si favorable aux charmes, et si facile à employer, cet oubli des bains cosmétiques est préjudiciable à la fraîcheur et au velouté de la peau de nos jolies Françaises, d'ailleurs si soigneuses de leur personne.

Nous croyons être utile et agréable à nos lecteurs, et particulièrement aux dames, en donnant ici quelques formules de bains cosmétiques, dont l'action bienfaisante sur la peau est éprouvée par l'expérience.

Bain aromatique et tonique.

Faites bouillir pendant une demi-heure dans deux kilogrammes d'eau de fontaine :

Thym.	200
Romarin.	300
Lavande.	250
Origan.	200
Clous de girofle.	10 clous.
Noix muscade concassée.	5 noix.

Retirez du feu et jetez cette décoction dans un bain ordinaire.

Bain aromatique et tonique à un plus haut degré que le précédent.

Thym.	200 gram.
Lavande.	200
Marjolaine.	150
Sauge.	150
Fenouil.	150
Menthe.	200
Persil.	150
Origan.	200
Absinthe.	150

Faites bouillir dans une bassine avec :

Eau de fontaine.	6 litres.
Vin rouge.	5

Après une demi-heure d'ébullition, passez à travers une étamine et jetez cette décoction dans un bain ordinaire.

Ce bain est excellent dans les convalescences difficiles, lorsque le corps est dans un état de faiblesse générale. Deux ou trois bains semblables rendent aux tissus leur énergie et leur souplesse.

Les bains aromatiques tonifient la peau, fortifient les membres et imprégnent le corps d'une odeur agréable.

Le thym, l'hysope, la marjolaine, la menthe, la mélisse, la sauge, le fenouil, l'anis et toutes les plantes aromatiques peuvent également servir à composer ces sortes de bains, dont la durée doit être d'une demi-heure.

Sachet aromatique pour bain.

Les personnes qui, pour éviter les embarras de la préparation d'un bain à domicile, ont l'habitude de fréquenter les bains publics, peuvent aromatiser l'eau de leur bain ainsi qu'il suit :

Remplissez un sachet de toile claire avec muscades et clous de girofle réduits en poudre, écorces d'oranges, feuilles de roses et violettes desséchées, menthe, serpolet, lavande, laurier, poudre d'iris de Florence et anis broyé.

Placez dans la baignoire ce sachet sous le robinet d'eau chaude. Lorsque la baignoire est au tiers, agitez l'eau et pressez le sachet. Après un quart d'heure, ouvrez le robinet d'eau froide. Préparez le bain à la température que vous désirez, et asseyez-vous sur le sachet.

Bain alcalin de Raspail.

Ammoniaque saturé de camphre. . . . . . 200 gram.
Sel de cuisine . . . . 1 kilog.

Versez d'abord dans la baignoire deux ou trois seaux de l'eau dont on doit se servir pour le bain.

Versez ensuite la solution d'ammoniaque et de sel de cuisine dans le bain; achevez de remplir la baignoire et agitez l'eau du bain en y plongeant une ou deux pelles rougies au feu.

Raspail dit avoir employé avec succès ce bain contre les douleurs rhumatismales, les courbatures, la paralysie des membres, etc., etc.

Bain de mer artificiel.

Sel gris. . . . . : 2 kilog.
Sulfate de soude. 1
Chlorure de magnésium.. 1
Chlorure de calcium. . . . . 500 gram.

Faites dissoudre dans un bain de cent litres d'eau. Ordonné dans les cas où il faut exciter la peau.

Bain sulfureux

OU BAIN DE BARÉGES ARTIFICIEL.

Sulfure de potasse. . . . . 125 gram.
Eau. 500

Dissolvez et filtrez, puis ajoutez à l'eau du bain. — Se vend dans toutes les pharmacies (sous le nom de *bains de baréges*).

Ce bain est employé dans certaines affections dartreuses de la peau.

Bain alcalin simple pour nettoyer et exciter la peau.

Carbonate de soude du commerce. . . . . .   300 gram.

Faites dissoudre dans un litre d'eau chaude et versez cette dissolution dans un bain ordinaire de cent vingt litres.

Bain savonneux.

Savon animal. . . . .   1 kilog.
Soude du commerce. . . . .   200 gram.

Coupez le savon par lamelles minces et mettez-le dans un poëlon avec trois kilogrammes d'eau; faites chauffer à un feu doux. Pour faciliter la dissolution, ajoutez de temps à autre un peu de la dissolution de soude que vous aurez préalablement préparée. Remuez avec une spatule jusqu'à ce que le savon soit bien fondu. Alors ajoutez toute la solution de soude; remuez et versez dans l'eau d'un bain ordinaire.

Ce bain nettoie parfaitement la peau et l'excite légèrement.

Bain émollient excellent pour adoucir la peau.

Orge mondée. . . . .   500 gram.
Riz mondé.   250
Son. . . . .   2 kilog.
Bourrache. . . . .   4 poignées.

Fleurs de bouillon blanc..   4
Fleurs de mauve.   4
Graines de lin.. . . . .   250 gram.

Faites bouillir le tout dans suffisante quantité d'eau de rivière. Préparez, avec cette décoction, un bain dans lequel vous resterez une heure. Après ce temps, vous en sortirez avec la peau douce, fraîche et satinée.

Autre bain émollient.

Espèces émollientes.. . . . .   2 kilog.
Graines de lin dans un nouet. . . . .   250 gram.

Faites bouillir dans quatre kilogrammes d'eau; passez à travers une étamine, puis versez dans la baignoire, et agitez l'eau du bain pour opérer le mélange.

Bain de beauté, dit bain de Ninon de Lenclos.

1° D'un côté faites fondre :

Sel de cuisine. . . . .   250 gram.
Carbonate de soude.   100
Dans eau de fontaine. . . . .   1 kilog.

2° D'un autre côté faites dissoudre :

Miel. . . . .   1 kilog. 500 gr.

dans trois litres de lait.

Versez d'abord la première solution dans l'eau du bain, que vous agiterez en tous sens.

Versez ensuite le mélange de lait et de miel, et agitez de nouveau; puis placez-vous dans le bain.

Ce bain aurait la propriété de bien nettoyer la peau, de l'assouplir, de lui donner de l'éclat et de la fraîcheur.

Autre bain de beauté usité en Perse.

Orge mondée.	1,500 gram
Lupins pulvérisés.	1,000
Riz.	500
Bourrache.	500
Romarin et angélique.	500

Faites bouillir dans suffisante quantité d'eau et jetez dans un bain ordinaire.

Ce bain, très-avantageux à la peau, était autrefois d'un très-fréquent usage parmi les dames de la cour. On prétend que la formule en avait été apportée en France par un médecin persan. Mais, malgré son origine orientale, ce bain est de beaucoup inférieur au bain suivant, qui possède au plus haut degré les propriétés de purger, d'adoucir et d'assouplir les peaux les plus ingrates.

Bain gélatineux aromatique.

Gélatine aromatisée.	500 gram.
Sel de cuisine.	150
Savon blanc dissous.	500

Faites fondre dans

Eau de fontaine bouillante.	8 litres.

et mêlez à l'eau du bain

Bain de modestie.

Amandes douces.	250 gram.
Enula campana.	125
Farine de graines de lin.	250
Farine de sarrasin.	300

Broyez dans un mortier, et réduisez en pâte ces substances, en les arrosant avec une eau rendue laiteuse par l'addition d'un peu de teinture de benjoin; puis formez-en trois sachets, dont un gros et deux petits.

La personne qui prend le bain s'assied sur le gros sachet, et se sert des deux autres pour se frotter le corps. Bientôt la pâte contenue dans les sachets se détrempe, l'eau du bain perd sa transparence, devient trouble et laiteuse au point qu'on ne peut apercevoir le corps de la baigneuse.

Bain embaumé.

Fraises ananas.	15 livres.
Framboises.	5
Son.	5
Poudre de guimauve.	2

Pilez dans un mortier, en arrosant avec :

Eau de rose.	250 gram.

Lorsque le tout sera réduit en pâte, jetez dans la baignoire vide, puis délayez, en versant peu à peu de l'eau qui doit servir au bain. Quand cette pâte aura été parfaitement délayée, versez dans la baignoire toute l'eau du bain, agitez de nouveau, et prenez un bain d'une demi-heure à trois quarts d'heure.

En sortant du bain, frottez la peau avec une éponge d'eau seulement dégourdie, pour resserrer les pores, et enveloppez-vous de draps parfumés au benjoin.

Ce bain donne à la peau une souplesse et un parfum délicieux, qui persiste assez longtemps.

Bains parfumés.

Ces sortes de bains se préparent en ajoutant à l'eau d'un bain ordinaire une certaine quantité de parfums variés selon le goût de la personne. La formule suivante servira d'exemple.

Eau de rose.	1,500 gram.
Teinture de benjoin.	50
Essence de thym.	30
Eau de Cologne.	50

Opérez le mélange de ces parfums avec l'eau du bain, en l'agitant pendant quelques minutes.

Bains de lait.

Ces bains, d'un usage assez rare, à cause de leur cherté, adoucissent la peau, la rendent souple et onctueuse. On peut les remplacer en mélangeant à l'eau d'un bain ordinaire une décoction de quatre kilogrammes de feuilles de mauve ou deux kilogrammes de racines de guimauve, deux cent cinquante grammes d'hysope et un kilogramme de son. Ce bain acquiert des propriétés adoucissantes et cosmétiques encore plus prononcées, si l'on ajoute à la décoction, préalablement passée, cinq cents grammes de gélatine.

Nous signalerons comme supérieur à tous les bains *toniques, aromatiques, parfumés, embaumés*, etc., le bain suivant, dû aux recentes découvertes du préparateur de l'Athénée hygiénique.

Bain lacté-savonneux balsamique, excellent pour nettoyer, assainir, tonifier et adoucir la peau.

Outre ces inappréciables vertus, ce bain laisse à la peau un parfum rafraîchissant des plus agréables.

Tous les bains que la parfumerie décore d'épithètes plus ou moins brillantes, telles que : bains de *beauté*, de *lait*, de *crème*, sachet *lacté aromatique* pour bains, etc., etc., sont tout simplement composés d'un mélange de poudre d'amidon et d'iris aromatisée avec une essence commune. Nous dirons au lecteur que le *son* pur est de beaucoup préférable à ces poudres, parce qu'il retient encore une substance glutineuse, tandis que l'amidon en est totalement privé. Le seul et bien triste avantage de l'amidon est de blanchir l'eau un moment, et voilà tout.

Le *bain lacté-savonneux balsamique*, spécialement composé pour les dames jalouses de la beauté de leur peau, en outre de ses qualités laiteuses, adoucissantes et aromatiques, possède plusieurs autres rares vertus, celles, par exemple, de nettoyer, de rafraîchir la peau, de tonifier les chairs, de resserrer les tissus relâchés, de résoudre les bleus, ecchymoses et autres légères altérations cutanées ; enfin d'imprégner la peau d'un doux parfum qui persiste pendant une journée entière.

Ce bain est aujourd'hui considéré, par les hommes de l'art, comme le bain hygiénique et cosmétique par excellence.

Une bouteille du bain lacté-savonneux, mêlée à l'eau d'un bain ordinaire, suffit pour donner tous les résultats sus-mentionnés.

Nous recommanderons aussi le savon DERMOPHILE, *à base de silice*, bien supérieur à tous les meilleurs savons connus. Les substances onctueuses et détersives qui le composent en font un des plus précieux *amis de la peau*. (Voyez au chapitre *Produits nouveaux*.)

Excellent procédé pour nettoyer, blanchir et adoucir la peau à l'issue d'un bain ordinaire.

Dix minutes avant de sortir du bain, mettez-vous debout dans la baignoire et prenez

Pâte callidermique. . . . . 250 gram.

avec laquelle vous vous frotterez ou vous ferez frotter le corps et les membres. De temps à autre, il est nécessaire de tremper la main qui frotte dans l'eau du bain, afin de délayer et étendre uniformément la pâte sur la peau. Les frictions répétées avec la pâte callidermique enlèvent jusqu'aux plus petites impuretés épidermiques. Sur la fin de l'opération, replongez-vous dans le bain, et frictionnez-vous dans l'eau pour enlever les parcelles de pâte attachées à la peau. Cette pâte, délayée dans l'eau du bain, la rend laiteuse, onctueuse et aromatique. Après être sorti du bain, essuyez et séchez la peau, qui a acquis la fraîcheur, la souplesse, le velouté et la blancheur des peaux les plus belles.

Bains partiels

BAINS DE PIEDS (PÉDILUVES).

L'usage du bain de pieds devrait être journalier, surtout chez les personnes qui prennent beaucoup d'exercice. Cette toilette est d'autant plus nécessaire, qu'elle entretient la souplesse de la peau de ces organes, prévient les cors, durillons, échauffements, et s'oppose à toute mauvaise odeur. Nous renvoyons, pour les détails de cette toilette, à notre ouvrage sur l'*Hygiène des pieds et des mains*.

Le bain de pieds simple se compose d'eau chaude naturelle. Si on veut le rendre *alcalin*, on y ajoute un peu de carbonate de soude ou de potasse, alors il nettoie très-bien. Avec addition de sel de cuisine, on le rend légèrement irritant; avec addition de quelques grammes d'alcoolé aromatique, on a un bain de pieds *tonique* très-bon pour modérer les sueurs. On se sert aussi de savon, de son et de farine d'amandes pour le lavage des pieds; mais leur nettoyage s'opère beaucoup plus complétement avec la *Pâte callidermique*. (Voyez au chapitre *Produits nouveaux*.)

Manuluves.

Les mains se lavent avec de l'eau à la température naturelle ou tiède, selon la saison. Pour mieux débarrasser l'épiderme des impuretés dont le contact des différents corps a pu les souiller, on se sert de mie de pain, de son, de pâte d'amandes, et particulièrement de savon. Nous ferons observer que la plupart des savons à bon marché, contenant une grande proportion de soude et quelquefois de sel pour les faire mousser, sont très-mordants, irritent les peaux délicates, les gercent, et finissent par les durcir. Nous pensons qu'il n'est rien de mieux pour la toilette des mains, des bras, du visage et des épaules, que l'usage de substances qui nettoient sans irriter, comme certaines pâtes par exemple.

Les pâtes pour les mains sont très-nombreuses : chaque parfumeur est l'inventeur d'une pâte spéciale, supérieure, selon lui, à celle de son confrère. Depuis la *pâte au miel*, qui poisse la peau sans la nettoyer, jusqu'aux *pâtes* transparentes, composées de savon et d'alcool, qui dessèchent et rudissent l'épiderme, l'industrie préconise une grande variété de pâtes, dont la composition est à peu près la même, et qui ne diffèrent entre elles que par le *nom* et l'*épithète*.

La *pâte callidermique* est tout à fait exceptionnelle; sa supériorité sur toutes les pâtes connues est désormais incontestable. Les substances onctueuses, balsamiques et gélatineuses qui la composent, additionnées de *saponine* et de *glycérine*, donnent à cette pâte trois vertus inappréciables : 1° nettoyer parfaitement l'épiderme en le purgeant de toute impureté; 2° le polir et le blanchir; 3° lui faire acquérir ce velouté qui est à la peau ce que les parfums sont aux fleurs.

Voyez, pour de plus amples détails sur la toilette des mains, l'*Hygiène des pieds et des mains*, ouvrage qui résume tout ce que l'art a pu découvrir pour conserver et embellir ces organes.

Ablutions.

Les ablutions, ou lavage de certaines parties du corps, sont un principe d'hygiène d'une haute importance; car non-seulement l'oubli de ce précepte est une coupable infraction aux règles de la propreté, mais il peut donner lieu à diverses altérations et maladies des organes négligés.

On est généralement dans l'habitude d'aiguiser l'eau qui sert aux ablutions avec quelques gouttes d'un alcoolé aromatique, tel que : teinture de benjoin, de Tolu, eau de Cologne, etc.; mais il faut se garder de l'usage des *vinaigres de toilette*, qui sont pernicieux à la peau et à la délicatesse des organes. En effet, tous les acides dessèchent, durcissent l'épiderme, et lui font perdre sa fraîcheur. Or les vinaigres de toilette, qui ont fait fortune autrefois parce qu'on ne s'est pas donné la peine de réfléchir sur leurs tristes effets, sont à rejeter pour toute femme jalouse de sa fraîcheur. Cette proscription s'étend également pour la toilette du visage. Beaucoup de personnes, qui se servaient de ces fameux vinaigres, tant prônés par les annonces, ont cependant fini par s'apercevoir que leur peau devenait rude et luisante, et les ont abandonnés.

Nous proposerons, pour remplacer ces sortes de vinaigres, l'*Eau aromatique des Hespérides* et l'*Alcoolé benzoïque lactescent* ou Lait d'Hébé. Ces eaux spiritueuses, éminemment toniques et bienfaisantes, remplacent avec avantage tous les vinaigres de toilette et eaux de Cologne. Les huiles essentielles des fleurs et fruits de la famille des hespéridées, les principes balsamiques et nervins qui entrent dans sa composition, l'ont fait mettre aux premiers rangs des préparations aromatiques les plus favorables.

Quant à certains détails concernant les diverses ablutions spéciales au beau sexe, nous renvoyons le lecteur à l'intéressant et très-curieux ouvrage de l'Hygiène du mariage, *ou Histoire naturelle de l'homme et de la femme mariés;* ouvrage des plus intéressants, des plus curieux à lire, et dont six éditions ont été promptement épuisées.

CHAPITRE XX

DES TEINTURES PILEUSES POUR TEINDRE LA BARBE ET LES CHEVEUX.

En général, toutes les préparations dont on se sert pour teindre les cheveux sont plus ou moins dangereuses, d'abord parce qu'elles contiennent des substances mordantes, corrosives, qui dessèchent ou brûlent la tige du cheveu, et parce qu'ensuite elles peuvent altérer la peau du crâne et porter atteinte à la santé, par leur absorption et leur transport dans le torrent de la circulation. Ce sont toujours des sels d'argent, de plomb, de bismuth, de mercure, des acides nitrique, sulfurique, sulfhydrique, de la chaux, de la potasse caustique, etc., etc., substances dont le nom seul suffit pour en faire apprécier les dangers. Les personnes qui, par des motifs secrets, sont forcées d'avoir recours à ces teintures, savent ce qu'il leur en coûte, et appellent de tous leurs vœux une découverte exempte d'inconvénients. On trouve dans les divers recueils de médecine et d'hygiène une multitude de faits relatifs aux accidents causés par ces sortes de teintures, et dont quelques-uns ont été consignés dans l'*Hygiène médicale des cheveux*, par A. Debay. (Voyez cet ouvrage).

ANALYSE CHIMIQUE DE TOUTES LES TEINTURES PILEUSES QU'EXPLOITE L'INDUSTRIE.

N° 1.

Procédé ordinaire.

Minium pulvérisé. . . . . 1 partie.
Hydrate de chaux. 4

Mélangez ces deux substances, et arrosez-les avec une solution faible de potasse, de manière à donner la consistance d'une bouillie claire.

Ce procédé serait, suivant son auteur, le moins nuisible de tous les procédés connus; ce qui ne veut pas dire qu'il soit exempt de tout inconvénient, car cette préparation est à peu près la même que celle qui endommagea si fortement le cuir chevelu du garçon épicier dont l'observation a été rapportée dans l'*Hygiène médicale des cheveux*.

N° 2.

Eau de Chine.

Nitrate d'argent. . . . . 1 partie.
Chaux hydratée. 4

Faites dissoudre dans quantité suffisante d'eau et filtrez. — Cette teinture donne un noir terne à reflets rougeâtres; elle altère le cheveu, qui se dénude et rougit au bout de quelque temps.

N° 5.

Procédé indiqué par Berzélius.

Nitrate d'argent. . . . . 1 partie.
Chaux éteinte. 2

Broyez le nitrate et la chaux; ajoutez un peu d'huile ou de pommade, et rebroyez de nouveau, jusqu'à parfait mélange. Le corps gras a été ajouté afin de prévenir l'action noircissante du nitrate d'argent sur la peau.

Ce procédé serait moins nuisible que le précédent,

mais le corps gras rend la coloration difficile, incertaine. Nous l'avons essayé sans succès.

N° 4.

Pâte pour noircir les cheveux

EXTRAIT DE L'OFFICINE DE PHARMACIE.

Azotate d'argent.	15 gram.
Proto-azotate de mercure.	15
Eau distillée.	135

Faites dissoudre, filtrez, et lavez le dépôt avec quantité d'eau suffisante pour obtenir cent soixante-cinq grammes de soluté.

Préparez, avec ce soluté et un peu d'amidon, une pâte demi-liquide avec laquelle vous enduirez les cheveux. Recouvrez immédiatement la tête d'une coiffe de taffetas gommé. L'application se fait le soir ; le lendemain, on se lave les cheveux, et, après les avoir séchés, on les pommade.

Cette teinture, malgré son origine, ne vaut pas mieux que les autres.

N° 5.

Poudre dite de Hahnemann.

CETTE POUDRE EST CELLE QUE VENDENT PRESQUE TOUS LES TEINTURIERS ET TEINTURIÈRES EN CHEVEUX.

Litharge porphyrisée.	250 gram.
Chaux éteinte.	125
Amidon en poudre.	65

Ce procédé, à peu près semblable au procédé ordi

naire n° 1, offre l'inconvénient de vous faire passer six à sept heures la tête enveloppée de papier brouillard, de serviettes, de foulards, et celui de produire une couleur violacée, roussâtre, si l'on quitte le serre-tête trop tôt. Après sept heures, les cheveux sont arrivés au noir foncé, mais on peut dire aussi qu'ils sont cuits; car, à la seconde teinture, ils se brisent juste à l'endroit où s'est arrêtée la première, et la tête n'offre bientôt plus qu'une masse de cheveux courts, inégaux, avec lesquels il est désormais impossible de construire une coiffure passable.

<h3 style="text-align:center">N° 6.</h3>

Autre.

Acétate de plomb.	2 parties.
Chaux carbonatée.	3
Chaux éteinte.	4
Soude.	2

Même résultat que celui de la formule précédente.

<h3 style="text-align:center">N° 7.</h3>

Eau d'Égypte.

Nitrate d'argent.	1 partie.
Nitrate de bismuth.	1
Sous-acétate de plomb.	4

Dissolvez dans suffisante quantité d'eau chaude, et, avec une éponge, mouillez-en les cheveux; au bout d'une heure, trempez une autre éponge dans une eau de Baréges concentrée et promenez-la sur les cheveux.

Cette dernière opération est pour noircir la couleur, en formant un sulfure sur le cheveu.

Toujours et partout des sels d'argent, de bismuth, de mercure et de plomb !

N° 8.

Teinture au plombite de chaux.

Frappé des nombreux inconvénients et des accidents occasionnés par les procédés secrets, un professeur de la Faculté de médecine de Paris a cherché à les atténuer en publiant un travail sur la coloration externe des cheveux ; après avoir décrit plusieurs procédés, il donne celui qui suit comme le plus innocent :

Sulfate de plomb. . . . . 4 parties.
Chaux hydratée. 4
Eau. 30

Faites bouillir pendant cinq quarts d'heure, et filtrez la liqueur.

Pendant l'ébullition, la chaux s'est emparée de l'acide sulfurique, et le protoxyde de plomb, mis a nu, a été dissous dans l'excès de chaux.

Ce procédé, que nous avons scrupuleusement expérimenté, loin de fournir les résultats que lui prête son inventeur, ne donne aux cheveux qu'un noir de suie, à reflets roux, qui, après quelques jours, passe au rouge brique ; de plus, on y retrouve toujours la chaux et le plomb, qui ne sont rien moins qu'amis des cheveux. Malgré tout notre respect pour l'illustre professeur, nous persistons à dissuader nos lecteurs de se servir de ce moyen.

N° 9.

Teinture unique et magnifique

COMPOSÉE PAR UN COIFFEUR QUI DÉFIE LA CHIMIE DE L'ANALYSER.

Un semblable défi ne pouvait être porté que par un coiffeur ignorant.

L'analyse chimique a facilement démontré la composition suivante :

Litharge.	4 parties.
Sulfhydrate de soude.	2
Eau.	12

Une mèche de cheveux, trempée dans cette liqueur, arrive au noir en quelques minutes; mais malheur à l'imprudent qui s'en sert!... Les cheveux, violemment attaqués par la soude caustique, sont ramollis au point de s'allonger comme des filets de caoutchouc; et, pour peu que les cheveux restent une minute de plus en contact avec la *teinture unique*, ils risquent fort d'être dissous en gélatine. Les résultats de cette teinture, observés sur une tête, sont ceux-ci : — Les cheveux, d'abord ramollis et presque glutineux, reviennent peu à peu sur eux, après avoir été lavés à l'eau fraîche; mais leur substance desséchée, racornie, a perdu pour toujours son élasticité; à chaque coup de peigne, les cheveux se brisent, tombent, et la chevelure est entièrement perdue. Tels sont les résultats de cette teinture unique et magnifique!

Le conseil d'hygiène publique devrait provoquer l'interdiction de la vente d'une semblable teinture et de ses analogues; car, s'il est permis de tromper l'acheteur en lui vendant une substance inerte, il devrait être sévèrement défendu de débiter des teintures qui ont des résultats si funestes.

N° 10.

Eau de Jouvence

FLUIDE TRANSMUTATIF, EAU DE MAILLY, D'ALBERT, EAU MEXICAINE, COLOMBIENNE, AFRICAINE, ÉTHIOPIENNE, ETC.

Toutes ces teintures, composées de deux flacons, ont la même base.

Premier flacon.

Azotate d'argent. . . . . 4 parties.
Eau distillée. 20

Les uns colorent en bleu la solution argentique avec du nitrate de cuivre, les autres le colorent en jaune avec du tartrate de fer ou du chromate de potasse, d'autres en vert, en rose, etc., etc., d'autres, enfin, lui laissent sa couleur naturelle.

Deuxième flacon.

La propriété de ce deuxième flacon est de sulfurer ou noircir la solution argentique, dont les cheveux sont imprégnés.

Le contenu de ce flacon est :

Acide sulfhydrique pur, ou sulfure de potassium, ou de soude dissous dans l'eau, ou encore :

Hydrosulfure d'ammoniaque.	50 gram.
Soluté de potasse..	12
Eau distillée.	50

Cette teinture, adoptée et prônée par un grand nombre de coiffeurs, parce qu'on leur fait l'énorme remise de 50 pour 100, est, comme les autres teintures de ce genre, composée de nitrate d'argent et d'un sulfure. L'affreuse odeur d'œuf pourri que répand le deuxième flacon infecte un appartement et noircit toutes les dorures. Aussi les personnes teintes par ce procédé sentent mauvais pendant toute une journée.

Les cheveux sont d'abord mouillés avec la dissolution argentique; après une heure d'action, on les touche avec la liqueur du deuxième flacon, et aussitôt il se forme autour et dans la substance du cheveu un sulfure d'argent, dont le noir est parfois verdâtre, et, d'autres fois, offre des reflets d'un roux désagréable; il arrive même quelquefois que les cheveux et la barbe revêtent une couleur lie-de-vin à leur racine : c'est ce qu'on voit assez souvent sur les boulevards de Paris, chez les coquets âgés qui se font teindre la barbe. A la couleur terne, verdâtre ou roussâtre, l'œil le moins expérimenté découvre bientôt l'artifice.

Que les personnes qui se font teindre retiennent bien cette vérité : la potasse et la soude sont, de tous les alcalis, ceux qui altèrent le plus violemment la cohésion du cheveu et détruisent le plus promptement sa substance.

15.

N° 11.

Teinture dite anglaise.

Brou de noix.	150 gram.
Litharge.	60
Chaux délitée.	50

La coloration obtenue par ce procédé se rapproche de la couleur de suie.

N° 12.

Pommade argentique.

Nitrate d'argent.	8 gram.
Crème de tartre.	8
Ammoniaque.	15
Axonge.	15

Préparez dans un mortier de verre. On doit se servir d'une brosse pour appliquer cette pommade, parce qu'elle tacherait la peau des doigts. Cette pommade n'a qu'un petit inconvénient, celui de tacher la peau et de ne point noircir les cheveux. Le dégraissage étant nécessaire, pour que le nitrate d'argent puisse mordre le cheveu, il arrive que, s'il est enduit d'un corps gras, la solution argentique glisse dessus, et son action devient complétement nulle.

N° 13.

Autre teinture argentique.

Premier flacon.

Solution rapprochée de *bichlorure d'étain.*

Deuxième flacon.

Solution étendue d'*azotate d'argent*.

Cette teinture arrive quelquefois à un très-beau noir ; mais sa couleur déteint et devient rousse en peu de temps.

N° 14.

Teinture végétale.

Un journal scientifique allemand donne la recette suivante comme teignant en noir les cheveux blancs :

Écorces de noix vertes. . . . . 125 gram.
Gros vin rouge. 200

Les résultats de cette recette nous paraissent fort douteux, attendu que les teintures végétales ne mordent point les cheveux, même à la température de cinquante degrés. Les cheveux morts, que l'on teint avec la noix de Galle et le sulfate de fer, exigent une ébullition prolongée.

N° 15.

Procédé dit américain.

Nitrate d'argent. . . . . 1 partie.
Nitrate de bismuth. 1
Eau distillée. 6

Mouillez les cheveux avec cette solution trouble ; au bout d'une heure, touchez avec acide sulfhydrique. Cette teinture est à peu près semblable à celles portant les n°s 6 et 9 ; ses résultats et ses dangers sont les mêmes.

Châtain.

Toutes les teintures dont on s'est servi jusqu'à présent sont impropres à produire le châtain clair, le châtain foncé et les diverses nuances de blond. Il n'y a, en réalité, que le *kromatogène*, dont nous parlerons tout à l'heure, qui puisse donner diverses nuances. — « Lorsque vous lirez, sur les affiches, prospectus et annonces de l'industrie : *Teintures en toutes nuances*, vous saurez désormais ce que cela veut dire, » répondait en riant un habile coiffeur à un de ses clients, victime d'un prospectus, et qui se plaignait d'avoir été teint en roux au lieu d'un beau blond qu'on lui avait promis... « *Teinture en toutes nuances*, ajouta le coiffeur, signifie littéralement : *noir-noir terne, noir bronze, roux foncé, carotte et queue-de-vache*; car, depuis trente ans que j'exerce et use de toutes les teintures, je n'ai jamais pu obtenir que ces malheureuses nuances. »

Blond.

On obtient généralement un blond douteux, c'est-à-dire tirant sur le roux, avec les mêmes poudres et dissolutions métalliques employées pour la teinture noire, seulement on les laisse moins longtemps agir sur les cheveux. Les personnes qui ont l'habitude de se teindre elles-mêmes par les procédés ordinaires savent très-bien qu'avant d'arriver au noir, les cheveux ou la barbe passe du jaune-roux au roux foncé, puis au noir. Les procédés suivants nous ont paru les moins mauvais :

N° 16.

Teinture blonde.

Acétate de fer. . . . . 1 partie.
Nitrate de bismuth. 2
Nitrate d'argent. 1
Eau distillée. 10

N° 17.

Autre.

Proto-chlorure d'étain. . . . . 2 parties.
Chaux hydratée. 3

Mouiller les cheveux avec l'une de ces deux préparations, et, au bout d'une heure, les toucher avec un mélange de parties égales d'eau distillée et de sulfure de potassium. — (Douteux.)

N° 18.

Autre.

Un journal de médecine et d'hygiène indique le procédé suivant comme très-bon pour teindre en blond :

Lupins. . . . . 125 gram.
Eau de fontaine. . . . . 500.

Faites bouillir pendant une heure, puis ajoutez :

Nitrate de potasse. . . . . 50 gram.

Cette formule me semble tirée d'un de ces vieux livres de secrets et ne saurait inspirer aucune confiance, mais, au moins, elle est innocente.

Enfin, toutes les teintures pileuses, n'importe le nom et l'épithète, parfois assez grotesques, dont on les décore, car nous avons déjà dit qu'elles étaient généralement fabriquées par des gens aussi étrangers aux lettres qu'aux sciences, que ce soit la teinture éthiopienne, mexicaine, colombienne, zouave, le fluide transmutatif, la négroline, la teinturine, l'eau de Jouvence, etc., ces teintures ont toujours la même base, les mêmes ingrédients : nitrate d'argent, de mercure, de bismuth, oxydes de plomb, acide sulfhydrique, sulfhydrate de soude, de potasse, etc., toujours un sel métallique, un alcali, un sulfure; ou bien c'est du noir d'ivoire, du charbon de liége incorporé dans une pommade.

Tels sont les divers procédés industriels pour teindre les cheveux; procédés nuisibles, dangereux, toujours composés d'un ou de plusieurs sels métalliques et d'un alcali qui altèrent la substance pileuse; procédés imparfaits, défectueux, en ce qu'ils ne donnent jamais qu'un noir roux et un blond queue-de-vache, selon l'expression du métier. Qu'on sache bien que la plupart de ces mèches, parfaitement teintes, exposées aux étalages comme échantillons, sont des mèches mortes, teintes par l'ébullition, procédé qui n'est point applicable aux cheveux vivants. — Dans cette réprobation et proscription générales sont comprises, sans exception, toutes les eaux, pâtes et poudres de ces habiles industriels qui, par un luxe d'affiches sur les murs de la capitale, de prospectus et d'annonces, se sont acquis une célébrité et une fortune ; car, aujourd'hui plus que jamais, la publicité trompe, et chacun s'y laisse prendre.

Quant aux teintures composées de substances essentiellement végétales, elles n'ont aucune action, à froid, sur les cheveux ; il faudrait, pour teindre les cheveux avec ces substances, les soumettre à une ébullition prolongée, ainsi que cela se pratique pour la teinture des laines, et ce procédé, nous le répétons, est impraticable sur une tête vivante. Nous avons expérimenté tous les végétaux susceptibles de teindre, nous leur avons même donné un alcali pour auxiliaire, sans obtenir aucun résultat satisfaisant. Le brou de noix, qui, par des frottements répétés, noircit l'épiderme, est lui-même impuissant à teindre solidement les cheveux blancs. Ainsi toutes ces prétendues poudres végétales, sucs et décoctions d'herbes que possèdent les Orientaux pour se teindre le système pileux sont de purs contes : c'est de France et d'Angleterre que les Orientaux tirent leurs teintures pileuses. Or tous ces secrets de teintures végétales pileuses, ensevelis dans les vieux grimoires du moyen âge, et que d'avides industriels exhument de temps à autre pour amorcer le public, sont complétement stériles.

A l'exemple des professeurs Orfila et Devergie, plusieurs médecins et chimistes se mirent à l'œuvre et ne crurent pas déroger à la science en se livrant à cette étude ; beaucoup échouèrent, quelques-uns n'obtinrent que des résultats fort imparfaits.

Nous avons suivi la voie qu'ils avaient frayée, et, après plusieurs années d'innombrables expériences, le succès est enfin venu couronner nos travaux. Nous avions donné le nom de MÉLANOGÈNE à cette teinture; mais, des industriels avides nous ayant pris ce mot, nous lui avons substitué celui de KROMATOGÈNE.

L'épithète d'*hygiénique* est parfaitement applicable à cette teinture, parce que, loin d'altérer le cheveu, ainsi que le font toutes les autres teintures, sans exception, celle-ci les conserve, les assouplit, leur donne des reflets doux et soyeux. De plus, elle jouit de la vertu d'arrêter presque instantanément la chute, en tonifiant le cuir chevelu et imprimant au bulbe pileux une vitalité nouvelle. Le *kromatogène* n'incruste point le cheveu et n'altère point sa substance, comme les autres teintures; son action colorante se borne à l'enveloppe du cheveu, la moelle reste intacte; c'est pourquoi les cheveux teints par ce procédé conservent leur souplesse, leur élasticité naturelle et ne se brisent jamais. Les cheveux teints par les procédés dont nous venons de donner l'analyse offrent toujours une couleur terne, plombée des plus désagréables; il est besoin de les oindre abondamment de pommade pour leur donner un reflet douteux. Avec notre teinture, l'emploi de la pommade n'est point indispensable; plus on brosse les cheveux, plus ils deviennent doux et luisants; si, après les avoir brossés, on les frotte avec un peu de pommade dite *brillantine*, alors ils acquièrent le chatoiement des plus soyeuses chevelures. Mais la propriété la plus remarquable, et vraiment merveilleuse, de notre teinture est celle de produire toutes les nuances, depuis le blond d'enfant jusqu'au noir jais. Dans nos magasins et divers dépôts de la capitale, se trouvent des cadres de cheveux teints par notre procédé, offrant des gradations de couleurs qui font l'admiration des connaisseurs. On y voit des couleurs noire, châtain foncé, châtain clair, blond clair et des blonds cendrés si parfaitement imités, qu'on les croirait empruntés aux plus magnifiques chevelures. Enfin, cette teinture, qui se fait à froid en moins de vingt minutes, à l'air libre, sans odeur et sans cet affreux entourage de papier brouillard, de feuilles de choux, de coiffe gommée, de serviettes, de foulards, etc., vrai supplice de patient, cette teinture, si supérieure aux autres et d'une si facile application, est appelée à un succès européen lorsque la publicité et l'expérience en auront fait connaître les immenses avantages.

PRODUITS NOUVEAUX

PARFUMERIE

DE LA NOBLESSE

CRÉÉE PAR ED. PINAUD ET Cⁱᴱ.

Placée au premier rang des parfumeries européennes, la Parfumerie Ed. Pinaud expédie ses produits sur tous les points du globe; elle n'a pas encore trouvé de concurrence sérieuse et, à juste titre, elle est sans rivale pour le bon goût, l'élégance et la coquetterie de ses modèles. Mais la parfumerie, de même que toutes les branches de l'industrie, doit suivre le progrès, sous peine de rester en arrière. C'est ce qu'a parfaitement compris M. Pinaud, directeur d'une des premières parfumeries de la capitale. Cet homme intelligent, reconnaissant la nécessité du secours de la science dans la préparation de ses produits hygiéniques, s'est adjoint plusieurs médecins, physiologistes et chimistes très-connus par leurs travaux et leurs ouvrages d'hygiène appliquée à la beauté physique. (Voyez la liste de plusieurs de ces ouvrages au verso de la couverture).

Guidé par un zèle digne d'éloges, M. Ed. Pinaud a voulu publier un ouvrage pour compléter son œuvre. Après avoir compulsé tous les livres anciens et modernes qui traitent de la parfumerie, il s'est convaincu de leur insuffisance, on pourrait dire de leur pauvreté. En effet, la plupart de ces livres, un ou deux exceptés, ont été faits par des compilateurs parfaitement ignorants dans l'art de la parfumerie; jusqu'au *Manuel du parfumeur* même, dont l'auteur est une femme, qui, bien certainement, n'a jamais manœuvré l'alambic ni étudié la composition des parfums. Dans le but d'obvier à cet ordre vicieux de choses, M. Ed. Pinaud, avec la collaboration d'hommes spéciaux, dote aujourd'hui la parfumerie d'un ouvrage, bien incomplet sans doute, mais pouvant servir, plus tard, de guide aux praticiens qui voudront continuer ce travail.

Pour satisfaire aux exigences du bon marché, si funeste à la qualité, M. Ed. Pinaud a établi deux parfumeries, l'une marchant de pair avec les premières de la capitale, et l'autre tout à fait exceptionnelle par la supériorité de ses produits. C'est dans cette dernière, nommée *Parfumerie de la noblesse*, qu'on trouve des essences des extraits chimiquement purs, des odeurs de bouquet d'une suavité sans égale et des lotions, des crèmes, des pommades pour le teint qui ont mérité l'approbation des hommes de l'art.

L'expérience ayant démontré que les *vinaigres* de toilette sont les ennemis de la peau, M. Ed. Pinaud leur a substitué des extraits lactescents complétement exempts d'acides et de corps résineux. — Les cold-cream, pommades aux concombres, poudres, pâtes pour les mains, généralement défectueuses et ne pouvant se conserver, possèdent ici toutes les conditions requises de qualité et de durée. Les pommades *régénératrices* et les *teintures pileuses*, toujours fétides et dangereuses, qu'exploite le charlatanisme, ont été l'objet d'études spéciales de la part du préparateur de la maison Ed. Pinaud. Ses connaissances en physiologie et en chimie l'ont dirigé et conduit à la découverte d'une teinture hygiénique dont les admirables résultats ne laissent plus rien à désirer. Les craintes légitimes, les répulsions des victimes des teintures usitées jusqu'à ce jour, tombent devant le KROMATOGÈNE, qui offre la garantie scientifique de son inventeur.

Quant aux *rouges* et aux *blancs de fard*, c'est tout un art nouveau que l'habile parfumeur a créé. Plus de ces sels de plomb, de bismuth, de chaux, etc., que la parfumerie routinière emploie depuis des siècles, faute de mieux, et contre lesquels les médecins de tous les temps n'ont cessé de lancer l'anathème. Le blanc Ed. Pinaud ou blanc *callidermique* est un composé à base végétale, doux, onctueux et ne contenant que des substances dermophiles inaltérables. Ce blanc, considéré par les médecins comme une découverte éminemment hygiénique, fait oublier chaque jour les blancs les plus en renom. Les dames qui ont éprouvé les bienfaits du blanc callidermique votent chaque jour, dans leur reconnaissance, des remercîments à son inventeur.

La Parfumerie DE LA NOBLESSE, éclairée par la chimie, prépare des *lotions*, des *hydrolés*, des *liparolés*, dont l'efficacité contre les affections du cuir chevelu et les imperfections de la peau peut rivaliser avec les préparations magistrales. On trouve dans cette officine toutes les combinaisons cosmétiques les plus favorables à la beauté sans jamais préjudicier à la santé.

Enfin, pour résumer toutes les qualités de la Parfumerie *de la noblesse*, nous dirons que son créateur, tout entier à l'amour de son art, n'a d'autre ambition que celle d'attacher son nom à quelque utile découverte et d'être cité pour l'excellence de ses produits.

CHAPITRE XXI

PRODUITS NOUVEAUX ET PERFECTIONNÉS.

Crème-neige.

```
Blanc de baleine. . . . . . . . . . . .    100 gram
Cire vierge. . . . . . . . . . . . . .      60
Huile fraîche d'amandes mondées. . . . .   350
```

Faites fondre au bain-marie et versez dans un mortier de marbre. Agitez vivement la masse, avec une spatule d'os ou d'ivoire, de manière à lier la masse et à éviter qu'il ne se forme des grumeaux. Lorsque la masse est figée, armez-vous du pilon et triturez, battez en tous sens, pendant quinze à vingt minutes, en ayant soin de racler avec la spatule les parties qui n'auraient point été écrasées par le pilon. Quand vous aurez obtenu une espèce de crème blanche, ajoutez, peu à peu, en triturant toujours :

```
Eau de roses double. . . . . . . . . . .    30 gram.
Glycérine blanche et inodore. . . . . . .   30
```

Battez pour bien incorporer pendant vingt minutes, et ajoutez :

```
Essence de roses vraie. . . . . . . . . .   10 gouttes.
```

Rebattez vivement pendant trente à quarante minutes ; alors vous aurez une crème blanche, bien liée et d'une suave odeur. Remplissez des pots de porcelaine destinés à cet usage, et collez autour du couvercle une bande mince de papier pour intercepter l'entrée de la poussière. Plus la crème-neige est battue, meilleure elle devient et plus longtemps elle se conserve.

Cette préparation est un des cosmétiques les plus favorables à la peau. Les dames qui en font un usage journalier se font remarquer par la fraîcheur et le velouté de l'épiderme.

Pommade trikophile.

```
Graisse de veau épurée et inodore. . . . .   200 gram.
Blanc de baleine. . . . . . . . . . .   100
Cire vierge. . . . . . . . . . . . .    30
Huile d'amandes amères. . . . . . . .   250
```

Faites fondre au bain-marie et coulez dans un mortier de marbre; battez comme il vient d'être dit pour la crème-neige; triturez jusqu'à ce que vous ayez une pommade lisse et sans grumeaux.

Aromatisez votre pommade en y ajoutant les essences et parfums de votre choix.

Cette pommade peut servir d'excipient aux diverses substances toniques et fortifiantes, telles que baumes, extraits de quinquina, tannin, etc., etc., ordonnés contre l'atonie du cuir chevelu.

Brillantine.

```
Graisse de veau épurée. . . . . . . . .   100 gram.
Blanc de baleine. . . . . . . . . . .   100
Cire vierge. . . . . . . . . . . . .    25
Huile d'amandes. . . . . . . . . . .   100
```

Faites fondre au bain-marie et battez comme il a été dit pour les pommades. Versez ensuite :

Huile de ricin.. . . . . 50 gram.

Battez pour incorporer, puis ajoutez :

Solution rapprochée de gomme adragante dans 50 gr. d'eau de roses.

Battez de nouveau jusqu'à parfaite incorporation, puis aromatisez à votre goût.

Pommade souveraine
CONTRE LA CHUTE DES CHEVEUX.

Graisse de veau épurée. . . . . 250 gram.
Baume Nerval. 100
Huile d'amandes. 150

Faites fondre au bain-marie ; coulez dans un mortier, puis battez pour obtenir une pommade bien liée.

D'autre part, faites fondre dans un vase :

Sous-carbonate de soude. . . . . 25 gram.
Sel de cuisine. 15
Alcool. 50
Eau distillée. 50

Versez cette solution sur votre pommade et triturez jusqu'à parfaite incorporation. Aromatisez avec des parfums de votre choix. Cette pommade s'emploie en frictions sur le cuir chevelu.

Pommade éprouvée
CONTRE LA CHUTE DES CHEVEUX.

Graisse de veau purifiée. . . . . 500 gram.
Savon mou. 50
Sel de cuisine. 25
Baume Nerval. 50

Faites fondre au bain-marie le baume, la graisse et le savon; coulez dans un mortier et battez en y versant un peu d'huile d'amandes.

D'un autre côté, faites dissoudre le sel de cuisine dans eau de roses tiède, et, lorsqu'il est bien dissous, versez dans votre mortier. Triturez jusqu'à parfaite incorporation.

Pommade soufrée

TRÈS-EFFICACE CONTRE LES DÉMANGEAISONS DE LA TÊTE.

Graisse de veau purifiée.	400 gram.
Crème-neige.	100
Soufre sublimé et lavé.	100
Sous-carbonate de soude.	70
Huile d'amandes amères.	100

Triturez dans un mortier le soufre et la crème-neige; faites dissoudre la soude dans cinquante grammes d'eau de laurier, et versez-la sur le soufre; triturez pour bien opérer le mélange. — Cela fait, placez sur un bain-marie la graisse et l'huile, et, lorsqu'elle sera fondue, versez-la dans le mortier; triturez et battez jusqu'à ce que vous ayez une pommade bien liée. Aromatisez ensuite avec des parfums de votre choix. On frictionne le cuir chevelu avec cette pommade, et les démangeaisons se dissipent en quelques jours.

Pommade trikogène

TRÈS-EFFICACE CONTRE LA CALVITIE COMMENÇANTE.

Graisse de veau épurée.	350 gram.
Baume Nerval.	150

Beurre de muscades. . . . . 150 gram.
Huile d'amandes. 200

Faites fondre et battez comme il a été dit précédemment, et ajoutez :

Huile de croton. . . . . 10 gouttes.

Battez pour bien incorporer.
D'autre part, faites fondre dans un vase :

Sous-carbonate de soude. . . . . 100 gram.
Eau distillée.. 25
Alcool. 25

Versez cette solution sur la pommade et triturez jusqu'à ce que l'incorporation soit complète. Aromatisez selon votre goût.
Même manière de s'en servir que la précédente.

Pommade ferrugineuse

TONIQUE, ASTRINGENTE.

Graisse de veau épurée. . . . . 250 gram.
Blanc de baleine.. 250
Cire vierge. 50
Huile d'amandes. 500

Faites fondre et battez comme plus haut.
D'autre part, faites dissoudre dans :

Eau distillée. . . . . 55 gram.
Sulfate de fer.. 25

Versez cette solution sur votre pommade, et battez pour bien incorporer.

Ajoutez ensuite une solution ainsi faite :

Acide gallique. . . . . 25 gram.
Eau et alcool, de chaque. 25

Versez cette solution dans le mortier par petites fractions, et triturez jusqu'à ce que vous ayez une pommade gris-bleu parfaitement liée.

Aromatisez selon votre goût.

Nota. En augmentant la dose du fer et de l'acide, on obtient une pommade tout à fait noire; en la diminuant, au contraire, la couleur prend une nuance cendrée.

Lotion détersive

CONTRE LA CHUTE DES CHEVEUX.

Alcoolé savonneux. . . . . 500 gram.
Sous-carbonate de soude. 100
Alcool camphré. 125

Laissez dissoudre la soude, puis filtrez deux ou trois fois jusqu'à ce que le liquide passe clair.

Autre lotion

Gros vin rouge. . . . . 500 gram.
Sel de cuisine.. 30
Acide tannique. 10

Faites dissoudre et filtrez.

Alcoolé savonneux.

POUR BIEN DÉGRAISSER LES CHEVEUX ET LE CUIR CHEVELU.

Savon de Marseille. . . . . 300 gram.
Eau filtrée 700
Sous-carbonate de soude ou de potasse. . 100

Faites fondre à un feu doux, en remuant sans cesse. Lorsque la dissolution est complète, retirez du feu et laissez un peu refoidir; puis ajoutez :

Alcool à 35º. . . . . 500 gram.

Remuez pour opérer le mélange; aromatisez, puis filtrez jusqu'à ce que le liquide soit parfaitement clair.

Selon que la tête est plus ou moins grasse, on opère le lavage avec cet alcoolé pur ou coupé d'eau.

Lotion sulfureuse iodée

CONTRE LES FARINES, DARTRES ET ÉPHÉLIDES.

Solution rapprochée de sulfure de potassium. 250 gram.
Solution de sulfhydrate d'ammoniaque. . . . 50

Mêlez-dans un vase de verre ces deux solutions en agitant. Ensuite versez dans le vase :

Iodure ioduré. . . . . 100 gram.

Laissez reposer. Il se forme un dépôt de soufre. Décantez et filtrez. Versez dans des flacons bouchés à l'émeri et conservez pour l'usage. On trempe un pinceau dans cette lotion et l'on en touche les dartres, farines ou taches de la peau. Une assez vive cuisson se fait sentir, la place rougit, et au bout de quelques jours la desquamation a lieu.

Lotion callidermique

POUR ASSAINIR LA PEAU ET LA PURGER DE ROUGEURS, ETC.

Premier flacon.

Hyposulfite de soude. . . . . 250 gram.
Iodure ioduré. 100

Faites dissoudre l'hyposulfite dans sept cents grammes d'eau filtrée; puis ajoutez l'iodure. Si la liqueur tirait sur le roux, vous ajouteriez un peu d'hyposulfite pour décolorer.

Deuxième flacon.

Sulfure de potassium. . . . . 50 gram.
Eau filtrée. 500
Essence de citron. . . . . 5 gouttes

Mêlez en agitant. Ces deux liquides des premier et deuxième flacons demandent à être filtrés plusieurs fois.

Application. — Remplissez un verre aux trois quarts du liquide n° 1; versez ensuite goutte par goutte dans le verre le liquide n° 2 jusqu'à ce que vous ayez un lait jaunâtre. Trempez le coin d'une serviette dans ce lait et lavez le visage. L'usage extérieur de ce lait, non-seulement assainit la peau, mais la prémunit encore contre une foule de petites affections cutanées.

Manière de préparer la solution de iodure ioduré.

Teinture d'iode. . . . .   15 gram.
Iodure de potassium.   20
Eau filtrée.   100

Opérez le mélange.

Cette préparation légèrement corrosive, appliquée avec un pinceau sur les dartres, les brûle et les guérit.

Lotion cosmétique.

Eau de roses. . . . .   500 gram.
— de laurier-cerise.   500
Beurre de cacao.   100
Crème de savon...   20
Acide benzoïque..   5

Triturez, dans un mortier de marbre, le beurre de cacao et le savon, ajoutez peu à peu l'eau de roses. Faites dissoudre l'acide benzoïque dans un peu d'alcool et versez dans le mortier. — Ajoutez ensuite l'eau de laurier-cerise, et battez bien la masse pour opérer le mélange de toutes ces substances.

Poudre callidermique

EXCELLENTE POUR RAFRAICHIR LA PEAU ET LA BLANCHIR.

Poudre tamisée de guimauve . . . .   500 gram.
Farine fraîche de seigle..   100
Dextrine..   50

Opérez le mélange et tamisez.

Le soir, avant de se coucher, on fait avec cette poudre et suffisante quantité d'eau d'amandes amères ou de laurier-cerise, une pâte demi-liquide et bien liée. On enduit le visage de cette pâte, de manière à former une couche de quelques millimètres, ou bien encore on l'applique sous forme de cataplasme. Le lendemain on la détache de la peau avec de l'eau tiède, et le visage est ensuite lavé avec de l'eau naturelle dans laquelle on a versé quelques gouttes de lait d'Hébé.

Pâte callidermique.

Crème de savon.	500 gram.
Miel demi-liquide.	400
Huile d'amandes amère.	400
Farine d'amandes mondées.	150
Glycérine.	100
Eau de roses.	100
Silice blanche en gelée.	100

Cette pâte, qu'on peut à juste titre nommer la reine des pâtes de la parfumerie, exige ce qu'on appelle le tour de main du préparateur, pour bien la fabriquer. Elle doit être blanche, bien liée, exempte de grumeaux et demi-consistante. On l'aromatise avec diverses essences, selon les goûts. — La *pâte callidermique* préparée par la maison Pinaud est, de l'avis des dames de Paris, ce qu'il y a de meilleur, de plus suave.

Préparation de la silice en gelée.

Sable blanc.	1 partie.
Soude anhydre.	3

Mélangez ces substances et bourrez-en un creuset de terre réfractaire que vous chaufferez dans un fourneau à tirant d'air, jusqu'à ce que la masse soit fondue et vitrifiée.

Brisez le creuset pour recueillir la vitrification qui est du silicate de soude. Concassez ce silicate et mettez-le dans une capsule en porcelaine ou une bassine émaillée remplie d'eau, et faites bouillir pour opérer la dissolution du silicate, qu'on nomme aussi *verre fusible*. Lorsque le tout est fondu, versez dans une large terrine vernissée et mieux en faïence ; laissez un peu refroidir.

D'une autre part, remplissez aux deux tiers un bocal de verre avec de l'eau commune, que vous acidulerez en y versant cent cinquante grammes d'acide sulfurique ou hydrochlorique ; opérez le mélange en agitant. Cela fait, versez doucement votre eau acidulée dans la solution de silicate de soude, et remuez en tout sens avec un bâton, puis laissez reposer. Bientôt le contenu de la terrine se prendra en gelée azurée ; c'est la gelée de silice. Jetez cette gelée sur un filtre de toile et laissez égoutter. Reprenez ensuite votre gelée et mettez-la dans la terrine préalablement essuyée. Cette gelée est très-alcaline ; il est nécessaire de la laver à dix, quinze et vingt eaux différentes. Chaque fois on goûte l'eau de lavage, et lorsque enfin elle est complétement neutre, on la remet sur le filtre et on la laisse égoutter toute une nuit. Le lendemain on presse le filtre pour chasser un reste d'eau, et l'on met la gelée dans des pots de faïence. Il faut avoir soin de verser un peu d'eau filtrée sur la surface pour s'opposer à sa dessiccation.

Cette gelée sert à fabriquer la pâte callidermique et

le savon dermophile. Séchée et réduite en poudre impalpable, elle entre aussi dans la composition des *blancs callidermiques* complétement inoffensifs, et les seuls dont les dames devraient faire usage.

Manière de préparer le talc.

Prenez de la poudre de talc et passez-la au tamis fin; puis jetez votre poudre tamisée dans une terrine remplie d'eau filtrée; remuez en tous sens avec une spatule. Passez ensuite votre eau talcqueuse à travers une mousseline pliée en double; laissez reposer l'eau ainsi filtrée. Le talc, en suspension dans l'eau, tombe au fond du vase en poudre impalpable. Alors décantez l'eau qui surnage et versez la bouillie talcqueuse sur des carrés de papier blanc relevés sur les bords pour l'empêcher de couler. Placez vos papiers à l'étuve, et, après dessiccation, raclez et faites tomber le talc dans un mortier de marbre; triturez et passez au tamis double zéro; vous obtiendrez ainsi une poudre de talc supérieure en finesse à celle du talc dit *à la prêle*.

Blanc nouveau (en poudre)

A BASE DE SILICE.

Silice en poudre impalpable.	100 gram.
Talc. — —	50
Oxyde de zinc lavé.	25
Amidon en poudre.	25

Mélangez toutes ces substances et passez-les à travers le tamis double zéro. — Mettez en boîte.

Blanc nouveau (liquide)

A BASE DE SILICE.

Silice en poudre impalpable.	50 gram.
Oxyde blanc de zinc broyé à l'eau filtrée. .	500
Talc impalpable.	25
Eau filtrée.	700

Mettez dans un mortier pour opérer le mélange, puis versez dans des flacons pour l'usage.

Même blanc plastique.

Oxyde blanc de zinc broyé.	500 gram.
Talc impalpable.	75
Eau savonneuse.	1,000

Opérez le mélange dans un mortier et versez ensuite dans des flacons.

Ces trois sortes de blancs sont, sans contredit, les meilleurs de tous ceux que vend la parfumerie. Mais le blanc par excellence, celui qui n'a point de rival et qui possède toutes les qualités hygiéniques, est le BLANC CALLIDERMIQUE de la maison Pinaud-Meyer.

Blanc en trochisques.

Oxyde blanc de zinc broyé à l'eau. .	500 grammes.
Talc filtré.	150
Eau savonneuse légèrement gommée.	quantit. suffisante.

Broyez dans un mortier en arrosant peu à peu avec l'eau savonneuse, jusqu'à ce que vous ayez une pâte bien liée, puis roulez le blanc en bâton ou coulez-le dans des moules.

Savon dermophile.

Ajoutez à la pâte de savon ordinaire 15 pour 100 de gelée de silice, et repétrissez de nouveau la pâte de manière à bien incorporer la silice, puis moulez et faites sécher. (Voyez plus haut la manière de préparer la silice.)

Ce savon nettoie parfaitement la peau et polit l'épiderme sans avoir les inconvénients du savon ponce.

Pommade cyanurée.

POUR EFFACER LES VEINES APPARENTES ET BLANCHIR LES TEINTS ROUGES.

Crème-neige.	100 gram.
Oxyde de zinc.	25
Cyanure de potassium.	5 décig.

Triturez d'abord le zinc avec la crème-neige; faites dissoudre le cyanure dans eau distillée de roses et versez dans la pommade; battez ensuite jusqu'à parfaite incorporation.

Lait de roses

Amandes mondées.	250 gram.
Eau de roses.	2 litres.
Crème de savon..	50 gram.
Blanc de baleine..	25
Huile d'amandes..	50
Alcool..	400
Essence de bergamote.	15
— de roses.	5
Teinture d'ambre musqué..	5
— de benjoin de Siam.	15

Préparez une émulsion en pilant les amandes et les iturant avec l'eau de roses, puis passez à travers une étamine. Faites fondre le blanc de baleine et la crème de savon dans l'huile, et versez dans un mortier de marbre. Battez, en ajoutant peu à peu l'émulsion, jusqu'à ce que vous ayez un liquide sans grumeaux et bien lié.

Ajoutez ensuite les essences et teintures. Triturez de nouveau pour opérer leur parfaite incorporation.

Déjà plusieurs fois, dans le cours de cet ouvrage, nous avons éclairé le lecteur sur le degré de confiance qu'il doit accorder aux inventions et découvertes annoncées par les journaux; nous reviendrons encore une fois sur cette question.

Une ruse ourdie de fil blanc, selon l'expression vulgaire, est quelquefois employée par des industriels pour amorcer le public. On fait annoncer par les journaux qu'un petit-neveu, une arrière-nièce, le descendant d'une beauté célèbre, de Ninon de Lenclos, par exemple, a trouvé dans de vieux papiers de famille la recette de l'eau ou de la pommade merveilleuse au moyen de laquelle cette femme a pu conserver la fraîcheur de ses attraits jusque dans l'hiver de l'âge. Après quelques réclames dans ce goût, on voit tout à coup paraître une annonce EN GROS CARACTÈRES qui signale l'acquisition et la mise en vente de la fameuse recette, avec laquelle, pour la modique somme de cinq francs, toutes les femmes deviendront belles et conserveront leur beauté.

Que les personnes crédules et sans réflexion mordent à cette grossière amorce, on peut le concevoir; mais que les femmes d'esprit et de haute naissance se laissent attraper par un charlatan, cela est difficile à comprendre : être dupe d'un charlatan, il y a de quoi

rougir de honte. Donnez-vous donc la peine de réfléchir, mesdames, en lisant les annonces. Informez-vous
d'abord du nom, de la profession, des études de l'inventeur. Ne croyez point à l'étalage des certificats dé-
livrés par des hommes de l'art; c'est presque toujours
du charlatanisme gagé. Faites analyser le produit merveilleux par un vrai chimiste, et non par ceux qui usur-
pent ce titre; alors vous serez désillusionnées sans
retour; vous perdrez l'envie d'oindre vos cheveux ou
de faire votre toilette avec ces eaux merveilleuses qui
ne sont que des attrape-nigauds; pardonnez-moi la
trivialité de l'expression en faveur de son exacte vérité.

Eau philodontine

SUPÉRIEURE A L'EAU DE BOTOT.

Girofles concassés.	50 gram.
Cannelle —	30
Anis —	50
Gayac —	50
Quinquina —	30
Cachou en poudre.	30
Poivre cubèbe.	15

Faites macérer toutes ces substances, dans un litre
d'alcool à trente-six degrés, pendant quinze jours. Ce
temps écoulé, filtrez et ajoutez au produit filtré :

Alcoolat de pyrèthre.	200 gram.
Eau distillée de menthe double.	200
Essence de menthe..	25

L'essence de menthe aura d'abord été dissoute dans
cent cinquante grammes d'alcool avant d'être ajoutée
au produit filtré.

Si vous désirez que l'eau philodontine ait une couleur vermeille, délayez quinze grammes de cochenille avec vingt-cinq grammes de crème de tartre et quantité d'eau chaude suffisante, et versez dans la masse. Agitez le tout et filtrez une seconde fois.

Cette eau dentifrice, très-agréable au goût, est aussi la plus efficace pour les soins de la bouche. Nous la croyons supérieure à toutes les eaux dentifrices les plus en renom. En effet, en examinant bien sa composition, on voit qu'elle est tonique, astringente, balsamique, aromatique, détersive, rafraîchissante; et nous ne connaissons aucune des eaux en usage qui possède toutes ces propriétés réunies.

Eau des Hespérides balsamique et nervophile

SUPÉRIEURE A LA MEILLEURE EAU DE COLOGNE.

Essence de bergamote.	15 gram.
— de citron au zeste.	15
— de Portugal.	15
— de cédrat.	20
— de girofle.	5
— de carvi.	2
— de thym blanc.	10
— de verveine.	15
— de lavande vieille.	20
— de géranium blanc.	5
— de roses.	1
— d'anis.	5
Teinture d'ambrette.	100
— de Tolu.	50
— de musc.	10
Essence de menthe.	10
Alcool à 36°.	2 litres.

Versez le tout dans un bocal de verre de la capacité de trois litres; agitez vivement pour opérer le mélange; laissez en contact pendant plusieurs heures, puis filtrez à diverses reprises jusqu'à ce que le liquide soit limpide.

Si au lieu de filtrer vous passez à l'alambic pour retirer un litre cinq cents grammes de produit, vous aurez une eau aromatique beaucoup plus fine et plus suave.

Bain lacté, savonneux, aromatique.

Jetez dans un mortier de marbre :

Crème de savon..	250 gram.
Miel blanc.	150
Solution de carbonate de soude.	100

Triturez jusqu'à ce que vous ayez une bouillie claire, puis ajoutez :

Farine blanche tamisée d'amandes.. . . .	70 gram.
Huile d'amandes.	50

Triturez pour bien incorporer et écraser les grumeaux, aromatisez avec :

Teinture de Tolu.	25 gram.
— de benjoin..	25
Essence de lavande..	15
— de thym..	10
— de verveine.	10

Battez vivement jusqu'à complète incorporation, et, si la pâte était trop épaisse, vous ajouteriez de l'eau distillée de rose pour la rendre demi-liquide.

Versez dans des flacons à large ouverture, de la capacité d'un demi-litre, et conservez pour l'usage.

Avant de s'en servir on plonge le flacon dans l'eau chaude pour faire liquéfier le contenu; puis on le délaye dans l'eau du bain, qui blanchit aussitôt, et s'imprègne de parfums. D'après les hommes les plus compétents, c'est le bain cosmétique par excellence; car ceux que l'industrie exploite sous ce nom ne sont que des composés d'amidon aromatisés d'essences grossières.

Eau contre la mauvaise haleine.

Chlorite de chaux.	2 gram.
Eau de fontaine.	1 litre.

Filtrez après solution complète, et ajoutez :

Menthe poivrée.	32 gram.
Sucre.	200

On se lave la bouche et l'on se gargarise avec cette eau, qui enlève aussitôt la mauvaise odeur. (Il faut se garder d'avaler.)

Lorsque la fétidité de l'haleine dépend d'une affection de l'estomac ou des gaz développés dans cet organe, on conseille le charbon sous forme de pastilles et la magnésie calcinée, comme ayant la propriété d'absorber et d'annihiler les gaz de l'estomac.

Pastilles désinfectantes.

Cachou.	50 grammes.
Magnésie.	15
Sucre.	125

Essence de citron.	20 gouttes.
— de cannelle.	20
— de menthe..	20
Mucilage.	quant. suffisante.

Faites des pastilles du poids de dix décigrammes.

On laisse fondre ces pastilles dans la bouche, pour masquer la fétidité de l'haleine.

Teinture balsamique.

POUR TONIFIER LES GENCIVES BLAFARDES.

Cachou.	32 gram.
Myrrhe.	32
Baume du Pérou.	4
Alcool de cochléaria.	125

Réduisez en poudre ces substances et faites-les macérer pendant six jours dans l'alcool de cochléaria; filtrez ensuite la liqueur.

Cette teinture est la meilleure dont on puisse se servir dans l'atonie et le relâchement des gencives. On l'emploie, sous forme de gargarisme édulcoré avec le miel rosat, en versant dans un verre d'eau une ou deux cuillerées de cette teinture.

Pommade rosat.

CONTRE LES GERÇURES ET LES CREVASSES DES LÈVRES, MAINS ET MAMELONS
DES SEINS.

Huile d'amandes douces.	64 gram.
Cire blanche..	6
Blanc de baleine.	10
Racine d'orcanette (dans un nouet).	10

Faites chauffer au bain-marie jusqu'à ce que le tout

soit fondu; coulez ensuite dans un mortier; agitez avec un pilon de bois et ajoutez :

Eau de rose. . . . . 10 gram.
Sulfate de zinc.. 5

Le sulfate de zinc doit être préalablement dissous dans de l'eau de roses.

Rebattez vivement le mélange jusqu'à parfaite incorporation de l'eau; aromatisez avec quelques gouttes d'essences de roses, puis coulez dans des pots que vous conserverez pour l'usage.

Pommade contre les hémorroïdes.

Onguent populéum. . . . . 60 gram.
    —   d'althéa.. 60
Pommade rosat. 60
Miel blanc.. 30
Huile d'amandes douces. 30

Faites fondre au bain-marie, et triturez dans un mortier de marbre en ajoutant quelques gouttes de laudanum.

Pommade contre les engelures naissantes.

Clorite de chaux. . . . . 4 gram.
Axonge fraîche.. 55

Après trituration, incorporez :

Tannin. . . . . 1 gram.

En friction matin et soir.

Autre pommade contre les engelures.

Cold-cream frais. . . . . 30 gram.
Acide gallique. 2
Eau d'amandes amères. 15

Triturez jusqu'à ce que vous ayez obtenu une pommade bien liée.

On se graisse abondamment les mains avec cette pommade, et, le soir avant de se coucher, on prend des gants de peau avec lesquels on passe la nuit. Trois ou quatre jours de ce petit traitement suffisent pour faire disparaître l'engelure. Si l'engelure est au talon, on fixe une talonnière en peau graissée de la pommade; si c'est aux orteils, on coupe un doigt de gant, on le graisse et l'on y introduit l'orteil engeluré.

Baume très-efficace contre les engelures naissantes.

Teinture de benjoin. . . . . 15 gram.
Camphre. 3

Faites dissoudre en triturant dans un mortier de porcelaine, puis ajoutez :

Crème-neige. . . . . 30 gram.
Tannin. 2

Triturez jusqu'à parfaite incorporation, et aromatisez avec essence de bergamote.

En friction soir et matin.

Vinaigre anglais

POUR FLACONS.

Acide acétique pur.	500 gram.
Camphre.	60
Essence de girofle.	10
— de cannelle.	5
— de bergamote.	10
Teinture d'ambre et de musc.	1

Opérez le mélange et versez dans des petits flacons que vous aurez d'avance remplis de sulfate de potasse.

Teinture éthérée aromatique.

Cannelle.	5 gram.
Girofle.	10
Muscade.	10
Vanille.	5
Musc.	1
Alcool à 36°.	500

Faites macérer pendant huit jours, puis ajoutez :

Éther hydrique.	150 gram.

Laissez en contact quelques heures; filtrez et mettez en flacons bouchés à l'émeri.

Eau contre la migraine.

Ammoniaque liquide.	30
Essence de serpolet.	15
— de carvi.	15
Eau-de-vie camphrée.	150
Vinaigre anglais.	100

Laissez en contact pendant quelques heures et filtrez. Ajoutez au produit filtré :

Éther acétique. . . . . 10 gram.

Agitez pour opérer le mélange et conservez en flacons bouchés à l'émeri.

Eau vulnéraire

EXCELLENTE CONTRE LES FOULURES ET CONTUSIONS.

Mélisse. . . . . 1 poignée.
Menthe. 1
Sauge. 1
Serpolet. 1
Absinthe. 1
Marjolaine. 1
Basilic. 1

Contusez ces plantes et faites-les macérer dans

Alcool. . . . . 2 litres.

Passez par expression et ajoutez :

Alcoolé savonneux. . . . . 250 gram.
Teinture de lavande. 250

Filtrez.

Teinture aromatique éthérée.

Girofles. . . . . 10 gram.
Cannelle. 10
Gingembre. 5
Semences de cardamome. 5
Baume de Tolu. 10
Castoréum. 2
Éther hydrique. 300

Faites macérer pendant quelques jours dans un flacon bouché, ajoutez ensuite :

Alcoolat de mélisse. . . . . 250 gram.

Agitez et filtrez.

Liqueur cosmétique de raifort.

Coupez par tranches minces un raifort, et faites bouillir dans du lait non écrémé, avec addition de quelques grammes de soufre sublimé et lavé. — Après quelques bouillons, passez à travers une étamine.

L'usage de cette eau pour laver le visage produit un excellent effet. La peau prend plus d'éclat, le teint s'éclaircit, les boutons, farines et autres efflorescences se dissipent.

Liqueur cosmétique au suc de poireaux.

Pilez des poireaux verts, exprimez-en le suc et versez-le dans du lait non écrémé ; faites bouillir et passez.

Versez dans un vase une partie de cette liqueur et une partie de la précédente ; trempez-y un linge et lavez-vous le visage.

Cette liqueur jouit des mêmes propriétés, mais à un plus haut degré que la précédente.

PRODUITS COSMÉTIQUES

NOUVEAUX ET RAISONNÉS

LES PLUS FAVORABLES A LA BEAUTÉ ET A LA SANTÉ DU CORPS

Propriété exclusive de la maison PINAUD

NE SE TROUVENT NULLE AUTRE PART

PRODUITS COSMÉTIQUES

EAU DES HESPÉRIDES
Balsamique et nervophile.

Cette eau, éminemment tonique et bienfaisante, remplace avec avantage, et dans toutes les circonstances, les alcoolés connus sous le nom d'eau de Cologne. Les huiles essentielles des fleurs et fruits de la famille des hespéridées, les principes balsamiques et nervins qui entrent dans sa composition, l'ont fait mettre au premier rang des préparations aromatiques les plus favorables aux nerfs.

CRÈME-NEIGE
Pour nourrir et assouplir la peau, pour la purger de toute irritation, et conserver la fraîcheur du teint.

La pommade au blanc de baleine et à l'huile d'amandes douces a été décorée de noms plus ou moins heureux, selon le caprice du parfumeur. Ainsi les *Cold-cream, Serkis, Crème des sultanes, Crème froide, Pommade-crème*, offrent une parfaite synonymie: quant à leur composition, c'est toujours de la pommade au blanc de baleine, qui serait un fort bon cosmétique si elle ne péchait souvent par l'infériorité des substances et le mode de préparation.

Sous le nom beaucoup plus significatif de CRÈME-NEIGE, nous offrons aux dames un *Cold-cream* sans égal pour la finesse des onctueux qui le composent et les soins apportés à sa préparation.

ALCOOLÉ LACTESCENT
OU LAIT D'HÉBÉ.
Préparation hygiénique possédant la triple vertu de déterger, de tonifier et d'embellir la peau.

Ce produit des plus précieux, véritable conquête de la chimie cosmétique, est complétement exempt de substances acides, résineuses et de sels de plomb, dont une coupable industrie se sert pour fabriquer ses laits virginaux, les plus dangereux ennemis de la peau. — La médecine et l'hygiène ont signalé ce produit comme le seul dont les dames doivent se servir pour leur toilette.

BLANCS CALLIDERMIQUES

A BASE VÉGÉTALE

Les seuls qui n'apportent aucune altération à la peau et soient exempts de dangers.

Nous transcrivons ici le compte rendu fait dans les journaux à la suite de l'analyse chimique de ces blancs, regardés comme les seuls qui soient complétement exempts de substances nuisibles.

« L'inappréciable découverte du blanc callidermique met désormais les dames du monde et les artistes dramatiques à l'abri des affreux ravages que causaient à leur fraîcheur les blancs jusqu'à ce jour en usage. Car, il est temps de le faire savoir, tous les blancs, sans exception, n'importe la brillante épithète dont on les décore, ne sont que des sels de plomb, de bismuth, de baryte et autres sels métalliques plus ou moins dangereux. C'est sous leur action malfaisante que les dents se carient et l'haleine perd sa douceur ; que la peau se ride, se jaunit, se pique de petits points noirs (tannes), le plus souvent ineffaçables. Il s'agissait donc de découvrir un blanc inaltérable et complétement inoffensif ; cette précieuse découverte vient d'être faite, et, dans leur reconnaissance, les dames ont voté des remercîments à son inventeur ; car elles peuvent désormais user de ce blanc sans crainte. »

LE KROMATOGÈNE (1)

TEINTURE HYGIÉNIQUE PAR EXCELLENCE

Pour teindre parfaitement, sans nul danger ni mauvaise odeur, les cheveux et la barbe.

Toutes les teintures pileuses en usage jusqu'à ce jour sont défectueuses ou nuisibles, et d'une application aussi incommode que désagréable ; toutes sont composées de sels métalliques unis à la chaux, à la potasse, ou à des mordants acides qui corrodent la substance du cheveu, la roussissent et la brûlent.

Avec le KROMATOGÈNE, aucun de ces graves inconvénients n'a lieu. La teinture se fait à froid en vingt minutes au plus, pour le plus beau noir, et en moins de temps pour le châtain. Les cheveux conservent

(1) Le mot *kromatogène* signifie *régénérer la couleur*, il embrasse toutes les nuances, depuis le blond pâle jusqu'au noir jais. Ce mot est plus exact que celui de *mélanogène*, qui n'indique exclusivement que le noir. Du reste, le mot *mélanogène*, inventé par l'auteur de l'Hygiène des cheveux, a été usurpé par plusieurs industriels en teinture, et nous serions désolé qu'on nous confondît avec eux.

leur souplesse et leur élasticité ; car cette teinture hygiénique n'incruste point le cheveu ; son action colorante, analogue à l'action *galvanoplastique*, se borne à l'enveloppe du cheveu ; la moelle reste intacte. La couleur, loin d'être dure, terne, morte, comme celle obtenue par les autres procédés, est, au contraire, douce, franche, vitale, et rend impossible tout soupçon d'artifice. Enfin, cette teinture est si supérieure aux autres, la beauté de ses résultats est si notable, que les coiffeurs intelligents l'ont surnommée le *procédé par excellence.*

POUDRE DENTIFRICE VÉGÉTALE

SANS ACIDE.

L'utilité et la beauté d'une denture saine et bien rangée sont trop évidentes pour que nous nous arrêtions à les démontrer. Nous nous bornerons à jeter quelques lumières sur l'importante question de l'hygiène dentaire. Les eaux, poudres et opiats qui contiennent des acides sont les plus dangereux ennemis de l'émail des dents. On reconnaît la présence des acides à la saveur aigre ou piquante. La crème de tartre, et quelquefois l'acide sulfurique, entrent dans la composition des dentifrices de certains industriels, qui les prônent comme blanchissant parfaitement l'émail.

Gardez-vous donc bien de ces poudres blanches acidulées, car elles contiennent un principe de destruction, et ne vous servez que des dentifrices offrant la garantie scientifique de leurs auteurs. Gardez-vous aussi des poudres rouges, parce qu'elles contiennent ou des sels acides colorés par la cochenille, ou du corail pulvérisé, qui use l'émail par le frottement.

PHILODONTINE

Eau conservatrice des dents.

SUPÉRIEURE A L'EAU DE BOTOT.

L'eau de Botot a joui pendant longtemps d'une grande renommée ; nous en avons donné la formule dans l'*Hygiène du visage*, et avons fait observer que la composition de ce dentifrice était la même que celle de l'*Eau impériale*, déjà connue il y a plus de cent ans. Nous avons également démontré que sa formule était incomplète, parce qu'il y manquait un principe astringent qui, en resserrant les gencives, pût s'opposer au déchaussement des dents. Or l'*Eau philodontine* est supérieure à l'eau de Botot, puisque sa composition est la même et qu'elle contient en plus le principe astringent indispensable à sa perfection.

DOLORIFUGE
Élixir anti-odontalgique par excellence.

Parmi le grand nombre de remèdes contre les maux de dents, il en est très-peu de complétement efficaces. Les uns sont tout à fait nuls, et les autres d'une application désagréable ; souvent ils attaquent la substance même de la dent, qui se brise en morceaux. L'*Eau dolorifuge* est exempte de ces inconvénients : sa saveur n'est point désagréable ; son action cautérisante, bornée au nerf dentaire, anéantit presque aussitôt les douleurs les plus vives.

BAIN LACTÉ, SAVONNEUX, BALSAMIQUE
Excellent pour nettoyer, assainir, tonifier et adoucir la peau.

Outre ces inappréciables vertus, ce bain laisse à la peau un parfum rafraîchissant des plus agréables.

C'est le seul vrai bain cosmétique qui existe ; ses vertus sont inappréciables : il nettoie, tonifie la peau, l'assouplit, la rafraîchit, resserre les tissus relâchés, et répand sur le corps entier un bien-être inexprimable.

LOTION SOUVERAINE
CONTRE LA CHUTE DES CHEVEUX
Pour les cuirs chevelus gras et qui transpirent.

Un seul et même remède ne saurait guérir toutes les maladies : c'est un fait devenu proverbial. De même les pommades les plus renommées ne sauraient arrêter toutes les calvities, parce que les chutes de cheveux reconnaissent différentes causes ; certaines pommades, qui conviennent aux unes, sont très-fâcheuses pour les autres.

La *Lotion détersive* de la parfumerie Pinaud tonifie le cuir chevelu, resserre les conduits pilifères dilatés et arrête la calvitie comme par enchantement.

POMMADE SOUVERAINE
CONTRE LA CHUTE DES CHEVEUX
Pour les cuirs chevelus maigres.

De toutes les pommades préconisées contre la chute des cheveux, celle-ci est incontestablement la plus efficace. Les nombreux succès qu'elle obtient chaque jour, dans les calvities par cause de sécheresse du cuir chevelu et d'appauvrissement des sucs nutritifs pileux, établissent nettement sa *spécificité anticalvitique*. Mais il est nécessaire de l'employer opportunément et convenablement.

POMMADE TRIKOGÈNE

RÉGÉNÉRANT LES CHEVEUX.

Pénétrer les conduits pilifères préalablement ouverts par le *Fluide desquamateur*, stimuler le follicule, vivifier le bulbe pileux et le forcer à pousser une tige, telle est l'action physiologique et positive de cette précieuse pommade, dont les effets récapillisateurs sont incontestables.

La *Pommade trikogène*, supérieure à toutes les pommades régénératrices, sans exception, développe une légère excitation de la peau, active la circulation folliculaire, réveille les bulbes languissants, et les force à pousser une tige.

POMMADE FERRUGINEUSE

TONIQUE-MÉLANOGÈNE

Pour retarder le grisonnement et tonifier le cuir chevelu

Cette pommade donne aux cheveux un brillant admirable.

L'analyse chimique a démontré que la *canitie* ou décoloration des cheveux dépendait de l'absence du fer dans les sucs qui composent leur moelle. La physiologie médicale a constaté que les ferrugineux, à l'intérieur et à l'extérieur, étaient de puissants toniques pour ramener à leur vitalité première les organes et tissus languissants. Or c'est sur ces bases que repose la composition de la *Pommade ferrugineuse*.

L'action tonique de la pommade ferrugineuse se fait particulièrement sentir aux bulbes pileux, qu'elle stimule et nourrit. Cette stimulation réveille la vitalité languissante des bulbes, qui pompent les sucs nutritifs en plus grande abondance, et avec eux les molécules ferrugineuses. Alors la tige du cheveu devient plus vigoureuse et sa décoloration s'arrête.

LOTION SULFUREUSE

Contre les éphélides, dartres légères et éruptions farineuses de la peau.

Les farines du visage, les dartres superficielles, si communes aux peaux délicates, et quelquefois si tenaces, les éphélides et taches hépatiques, trouvent un remède efficace dans cette lotion.

LOTION CALLIDERMIQUE

**Pour assainir la peau et la purger de toute irritation, farines ou boutons.
Pour enlever le hâle et rafraîchir le teint.**

Pour la manière de s'en servir, voyez le prospectus.

POUDRE CALLIDERMIQUE

**Pour enlever le hâle, rafraîchir, blanchir et adoucir
la peau.**

Composée de substances mucilagineuses, émulsives et gélatineuses, cette poudre, employée conjointement avec la *Lotion callidermique*, est le moyen par excellence pour rafraîchir, adoucir et blanchir les peaux échauffées ou hâlées.

Mode d'application. — Jetez dans une tasse une ou deux cuillerées de *Poudre callidermique*, selon le besoin, et versez peu à peu, en remuant, un filet d'eau de manière à former une pâte; ajoutez ensuite une demi-cuillerée de *Crème-neige* et battez pour bien incorporer. Après vous être lavé le visage, appliquez cette pâte sur la peau, sous forme d'enduit ou de cataplasme, et laissez agir toute la nuit. Le lendemain, enlevez doucement l'enduit avec une éponge fine et de l'eau tiède. Trois ou quatre applications semblables donnent à la peau une fraîcheur, un velouté des plus remarquables.

PATE CALLIDERMIQUE

**Pour nettoyer parfaitement, pour nourrir, adoucir et
embellir la peau.**

Les pâtes pour les mains sont très-nombreuses; chaque parfumeur est l'inventeur d'une pâte spéciale, supérieure, selon lui, à celle de son confrère. Depuis la *pâte au miel*, qui poisse la peau sans la nettoyer, jusqu'aux *pâtes* transparentes, composées de savon et d'alcool, qui dessèchent et rudissent l'épiderme, l'industrie préconise une grande variété de pâtes, dont la composition est à peu près la même, et qui ne diffèrent entre elles que par le *nom* et l'*épithète*.

La *Pâte callidermique* est tout à fait exceptionnelle; sa supériorité sur toutes les pâtes connues est désormais incontestable. Les substances onctueuses, balsamiques et gélatineuses qui la composent, additionnées de *saponine*, donnent à cette pâte trois vertus inappréciables : 1° nettoyer parfaitement l'épiderme en le purgeant de toute impureté ; 2° le polir et le blanchir ; 3° lui faire acquérir ce velouté qui est à la peau ce que les parfums sont aux fleurs.

EAU CHIMIQUE

Contre le lentigo ou taches de rousseur, et contre les signes ou envies de couleur brune.

La tache de rousseur est, en partie, composée de carbone, et le carbone étant un corps indécolorable, il en résulte que tous les prospectus, annonces et affiches qui proclament un spécifique indien ou américain pour le décolorer, sont des amorces et rien de plus. (Voyez, dans l'*Hygiène du lisage*, les curieux détails sur la composition et la formation du *Lentigo*.)

PATE DÉTERSIVE

CONTRE LES TANNES OU POINTS NOIRS DU VISAGE

Ainsi nommée parce qu'elle nettoie parfaitement la peau.

On a donné le nom de *tannes* à ces points noirs dont certaines peaux sont piquées, particulièrement aux ailes et au bout du nez. Ces points noirs sont dus au brunissement de l'humeur sébacée dont les conduits s'ouvrent à la surface de la peau. (Voyez-en la Description dans l'intéressant ouvrage intitulé : *Hygiène médicale du visage et de la peau*.)

La *Pâte détersive* possède plusieurs vertus inappréciables : elle nettoie admirablement la peau de toute tache ou impureté ; elle dissout les tannes et resserre les conduits sébacés qui les produisent ; elle polit l'épiderme et lui fait acquérir une blancheur qu'on chercherait vainement à lui donner avec toute autre préparation.

MANIÈRE DE S'EN SERVIR.

Frottez les parties tannées avec cette pâte solide, et, lorsque la partie est recouverte de blanc, prenez avec le bout du doigt un peu de crème-neige ou du cold-cream et frottez sur les tannes. Enlevez ensuite le blanc et le corps gras avec une serviette ; recommencez une seconde fois la même opération. Ce procédé a l'immense avantage de nettoyer et de lisser parfaitement la peau. En continuant cette petite opération, une fois par semaine, on finit par détruire les tannes au bout d'un certain temps.

POUDRE ONYXOCALE

Pour embellir les ongles, les rendre roses et brillants.

Diverses poudres sont débitées pour l'embellissement des ongles : les unes sont composées de corail, d'os de sèche et de substances résineuses ; les autres sont de simples poudres de quinquina, de cachou, aromatisées avec un parfum quelconque. La *Poudre onyxocale* est un produit exotique sans rival et qu'on essaye vainement à contrefaire. Cette poudre, d'une délicieuse odeur, non-seulement polit et tonifie les ongles, mais elle leur fait encore acquérir une couleur rose des plus agréables.

DÉPILATOIRE HYGIÉNIQUE

SANS ARSENIC.

Complétement exempt de substances toxiques, ce dépilatoire agit promptement et sans nul danger. Plusieurs médecins de la capitale ont adopté ce dépilatoire et rejeté les autres. Du reste, l'énorme consommation qui s'en fait, tant en France qu'à l'étranger, témoigne de sa supériorité sur tous les autres.

SAVON DERMOPHILE

A BASE DE SILICE ET D'ALBUMINE VÉGÉTALE.

Produit unique et inimitable supérieur à tous les savons connus, par ses propriétés lénitives.

La parfumerie est une des branches de l'industrie où le charlatanisme crie le plus fort : c'est un fait avéré, irrécusable. Aussi, lorsque vous lirez : Savon au mucilage, à la guimauve, à la gélatine, etc., vous pouvez être sûr que le principe émollient n'existe que sur l'étiquette. Le consommateur éclairé sait que la bonté des savons de toilette dépend du premier choix des matières premières, des soins apportés à sa fabrication et de sa neutralité ; c'est-à-dire qu'un bon savon de toilette doit être exempt d'odeur de graisse, de rancidité et de causticité : un savon qui ne réunit pas ces conditions est nuisible à la peau.

APERCU

DES

Parfums naturels, et composés — Extraits, — Eaux de senteur, — Bouquets, — Baumes, etc.

DE LA MAISON ED. PINAUD.

EXTRAITS

d'aubépine,
d'ambroisie,
d'ambre,
de bergamote,
de cassie,
de Chypre,
de chèvrefeuille,
de cédrat,
de citron,
de clématite,
de géranium,
de jasmin,
de jonquille,
de lilas,
de la Maréchale,
de miel ambré,
de mousseline,
de muguet,
d'œillet,
de patchouli,
de pois de senteur,
de Portugal,
de réséda,
de roses,
de tubéreuse,
de vanille,
de vétivert,
de verveine,
de violettes ambrées, etc.

BOUQUETS

des dames Parisiennes,
des dames anglaises,
des fleurs printanières,
des sultanes,
de la duchesse,
de la cour,
du matin,
des soirées,
des rois,
de la reine d'Angleterre,
—   des Belges,
du grand monde,
du Jockei'sclub,
de la noblesse,
de Ed. Pinaud,
des fleurs d'Alger,
d'Héliotrope,
aux mille fleurs, etc.

SAVONS

Savon dermophile,
—   de la reine,
—   au lait d'amandes,
—   à la violette,
Savon à la rose,
—   à la fleur d'oranger,
—   aux fleurs d'œillet,
—   aux fleurs d'Orient,

Savon à l'ambre gris,	Crème de savon pour la barbe,
— à la vanille,	Savon émulsif,
— au miel,	— aux cœurs de laitue,
— au baume du Pérou,	— aux fleurs de pêcher, etc.

Nous avons dit, au commencement de cet ouvrage, que les femmes d'Orient se servaient des parfums pour régner sur les hommes. S'il nous était permis de remonter aux splendides époques de Corinthe, d'Athènes et de Rome, nous montrerions au lecteur Phryné, Laïs, Poppée, Sabine, dans leurs boudoirs, au milieu des parfums enivrants ; nous rappellerions que les élégantes d'alors employaient simultanément les parures et les odeurs pour captiver les cœurs les plus indifférents et qu'elles réussissaient toujours. Mais ces considérations seraient ici déplacées, et nous renvoyons à l'ouvrage intitulé : Laïs de Corinthe, où se trouvent exposées, avec détail, toutes les coquetteries des mœurs antiques.

L'art de choisir tel ou tel parfum exige beaucoup de tact et d'habitude ; il est même nécessaire de les varier selon les saisons. Le printemps, cette saison des amours, demande des odeurs printanières ; l'été et l'hiver des odeurs toniques, pour réconforter l'organisation débilitée par des chaleurs énervantes ou des froids rigoureux ; pendant l'automne, les odeurs de fruits, de bouquet et de fleurs balsamiques obtiennent la préférence. Ainsi que par une coquetterie naturelle la jolie femme laisse deviner, sous une gaze légère, de séduisants attraits ; de même on doit habilement ménager les parfums pour en faire désirer l'olfaction.

Quoique aujourd'hui la passion des parfums ne soit plus aussi vive qu'autrefois, on aime cependant à suivre une trace embaumée, et, si les yeux se complaisent à caresser les lignes harmonieuses d'une belle figure, l'odorat aime aussi à s'enivrer de suaves odeurs. (Voyez la seconde partie de cet ouvrage, intitulée *les Parfums et les Fleurs*, aussi instructive qu'attrayante et convenant à tous les âges.)

AVIS AUX LECTEURS

Nous prévenons nos clients que la maison Ed. Pinaud et Cie est devenue propriétaire de cette précieuse collection d'ouvrages sur l'*Hygiène de la beauté*, reconnus comme les *seuls classiques du boudoir*. Les dames y trouveront les moyens rationnels de redresser les vices de formes et de couleur, le traitement facile des affections de la peau et des cheveux, enfin tout ce que l'art médical et cosmétique a découvert de plus efficace pour prévenir ou guérir les imperfections et altérations des systèmes pileux et cutané. Voici les titres de ces ouvrages :

ENCYCLOPÉDIE HYGIÉNIQUE

DE LA BEAUTÉ

Chez DENTU, libraire-éditeur, Palais-Royal, à Paris.

Prix de librairie.

L'art de teindre sans danger les cheveux et la barbe. . . . . 1 f.
Les parfums de la toilette (première partie.). . 2
Hygiène des pieds, mains, taille et poitrine. 2
Hygiène des cheveux et de la barbe. . . . 2 f. 50 c.
Hygiène du visage et de la peau. 2 50
Hygiène et perfectionnement de la beauté physique dans ses lignes, ses formes et sa couleur. 2 50

Ces ouvrages se donnent en prime à tout acheteur, savoir :

Un achat de **20** fr. donne droit à un ouvrage dans l'ordre indiqué.

Un achat de **30** fr. à deux ouvrages ;

Un achat de **40** fr. à trois ouvrages ;

Un achat de **50** fr. à quatre ouvrages ;

Un achat de **60** fr. à cinq ouvrages ;

Un achat de **70** fr. à toute la collection.

Les ouvrages suivants se délivrent moyennant la rétribution de 1 fr. 50 c., savoir :

	Prix de librairie.
Hygiène de la voix.	**2 f. 50**
Hygiène des baigneurs.	**2 50**
Hygiène vestimentaire (modes anciennes et modernes). Description de la toilette des dames grecques et romaines.	**2 50**
Les parfums et les fleurs considérés comme auxiliaires de la beauté (deuxième partie.).	**3**
Hygiène du mariage.	**3**
Philosophie du mariage.	**2 50**
Physiologie des beautés de la femme.	**2**
Histoire des métamorphoses humaines et des monstruosités.	**3 50**
Laïs de Corinthe, ou les mœurs élégantes de l'antiquité.	**3**

Il résulte de cette heureuse combinaison que les dames, qui ne peuvent se passer des parfums usuels, se trouvent, après plusieurs achats dans la maison Pinaud, rue Saint-Martin, n° 298, à Paris, posséder la série des ouvrages composant l'*Encyclopédie de la beauté*. La lecture de ces intéressants ouvrages leur apprend une foule de choses qu'elles ignoraient, et les met en garde contre les dangereuses amorces du charlatanisme.

TABLE DES MATIÈRES

CHAPITRE V.

CHAPITRE VI.

CHAPITRE VII.

CHAPITRE VIII.

CHAPITRE IX.

CHAPITRE X.

CHAPITRE XI.

CHAPITRE XII.

CHAPITRE XIII.

CHAPITRE XIV.

CHAPITRE XV.

CHAPITRE XVI.

CHAPITRE XVII.

CHAPITRE XVIII.

CHAPITRE XIX.

FIN DE LA TABLE DES MATIÈRES.

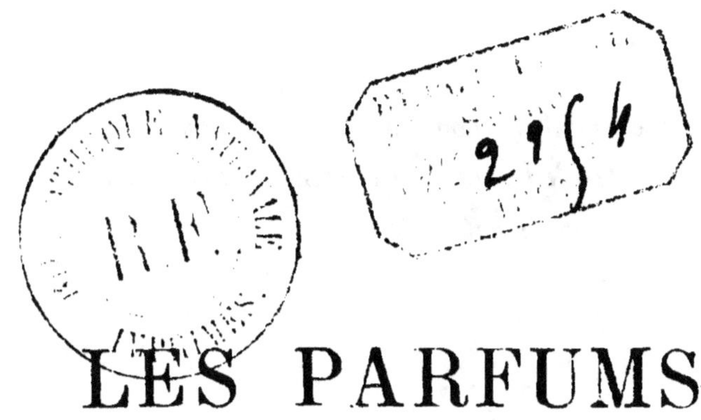

LES PARFUMS

DE LA TOILETTE

PARIS. — IMPRIMERIE DE E. DONNAUD, RUE CASSETTE, 9.

LES PARFUMS

DE LA TOILETTE

ET LES

COSMÉTIQUES LES PLUS FAVORABLES A LA BEAUTÉ

SANS NUIRE A LA SANTÉ

SUIVIS

D'UN GRAND NOMBRE DE PRODUITS HYGIÉNIQUES NOUVEAUX
COMPLÉTEMENT IGNORÉS DE LA PARFUMERIE

PAR A. DEBAY

DEUXIÈME ÉDITION

PARIS

E. DENTU, LIBRAIRE-ÉDITEUR

PALAIS-ROYAL, 17 ET 19, GALERIE D'ORLÉANS

1875